IL VOLO

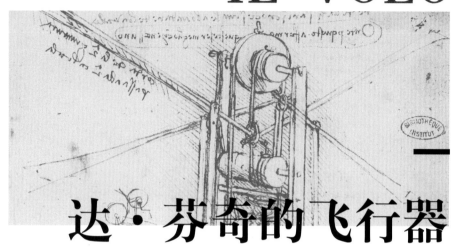

达·芬奇的飞行器

[意]多米尼克·劳伦查　著

庄泽曦　译

湖南美术出版社

全国百佳图书出版单位

目录

◀◀◀

《圣母领报》中的天使

第一章
奇思妙想的原点

◀◀◀ **佛罗伦萨**
约 1469—1482 年

　　飞行器的设想是人类诸多梦想中最引人注目的那个，也是达·芬奇在佛罗伦萨学习期间最痴迷，而后投入毕生心血的一项研究。

　　首先，在艺术家和艺匠的作坊世界中的求学经历，让这位神童触及佛罗伦萨的传统舞美装置。这些装置，尤其是各式各样的飞行设备，所展现出的奇幻视觉效果总让观众惊诧不已。其次，对动物世界的兴趣，让他投身于鸟类飞行的研究。而佛罗伦萨艺术界对神话题材作品的创作热忱，比如飞龙和其他神话生物的形象，也激励着他在这一领域进行探索。最后，15 世纪托斯卡纳地区对工程学的研究热情，让达·芬奇得以站在前人设计的种种创新机械上，展开对人类极限的首次挑战。

《圣母领报》中的天使形象，约 1472—1474 年，现藏于佛罗伦萨的乌菲兹美术馆

图 1.《圣母领报》，约 1472—1474 年，现藏于佛罗伦萨的乌菲兹美术馆

图 2.《耶稣在天使环绕中降生》的草稿，约 1480 年，现藏于威尼斯美术学院（第 256 号藏品）

图 3. 布鲁内莱斯基设计的圣母百花大教堂的穹顶

舞台上的装置

　　莱奥纳多·达·芬奇约于1469年告别故乡芬奇镇前往佛罗伦萨，在恩师安德烈·德尔·韦罗齐奥（Andrea del Verrocchio）的艺术作坊里工作了数年。在这里，人们不只创作崇高的绘画和雕塑（如图4，图16，图26），与同时期佛罗伦萨其他著名艺术作坊一样，韦罗齐奥工作室其实也生产完全不同的东西，比如兵器和作乐的大钟。此外，还需为宗教节日及各种戏剧演出准备道具和机械装置。这里说到的各类演出，除了表演的部分外，还能看到大量可活动的舞美装置。这些装置是被称为"工程"[1]的复杂机械结构，让观众们可以看见演员在舞美装置控制着的活动布景前表演。佛罗伦萨的作坊也因生产此类装置美名远扬。

　　1439年，莫斯科大公国（今俄罗斯）苏兹达尔的主教亚伯拉罕在佛罗伦萨旅行。其间，他对自己看到的演出做了大量细致记录。在那些描述中，他对自己的所

1."工程"（Ingegno）：在文艺复兴时期，术语"工程"仅指机械化装置，并主要指战争机器和基础建设中使用的施工机器。

图 4.《圣母领报》，约 1478—1482 年，现藏于巴黎的卢浮宫，此作品部分出自达•芬奇之手

见所闻深感疑惑，例如在一个表现"耶稣升天"的场景中，他看见"天空被撕开，天父如神迹般在空中显灵"，同时"扮成耶稣的人就像真能凭空跃起般，平缓地升到了高空"。在观看佛罗伦萨圣母领报大殿上演的《圣母领报》时，他记录道："向上飞行的天使吟唱着欢歌，舞动着双手，击打着双翅，就好像真的在飞一样。"1471年3月，加莱亚佐•马里亚•斯福尔扎[2]（Galeazzo Maria Sforza）来到佛罗伦萨，在

此期间，韦罗齐奥有幸参加了以米兰大公爵之名举办的大斋节活动的舞美工作。这在四旬期[3]并不稀奇，各种作坊一起参与有关圣迹的演出准备。《圣母领报》的表演将在奥特拉诺区的圣菲利切教堂的广场上进行，那里离老桥[4]不远；《耶稣升天》被安排在圣母圣衣教堂；而五旬节[5]的演出则会在距离稍远的圣神大殿上进行。

2. 加莱亚佐•马里亚•斯福尔扎（Galeazzo Maria Sforza）：第 5 任米兰公爵。
3. 四旬期：即大斋节，在春天举行并于复活节前日止的为期 40 天的斋戒活动，天主教教徒以此庆祝耶稣死而复生的逾越奥迹。
4. 老桥：横跨佛罗伦萨市内主要河道阿诺河的一座石拱桥，竣工于 1345 年，是连通佛罗伦萨两岸的一座重要桥梁。在古代，其上遍布肉铺和商店，是重要的市民交易市场。
5. 五旬节：复活节后第 50 天，庆祝圣灵降临。

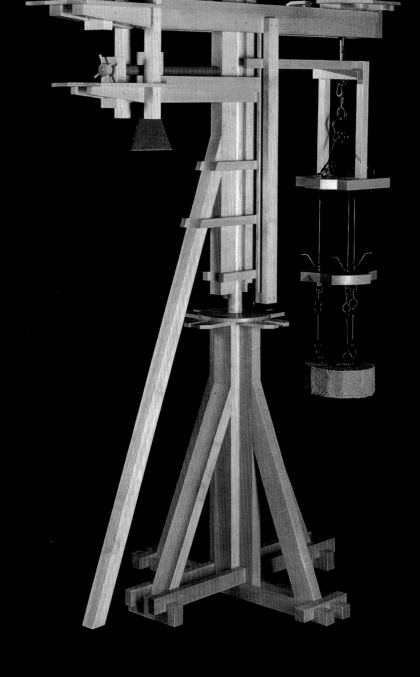

图 5. 布鲁内莱斯基在工地上曾使用的一种起重机的现代模型。这个模型根据达·芬奇的一幅素描
复制出来，同其他工程师一样，达·芬奇也学习过布鲁内莱斯基的机械设计（现藏于佛罗伦萨的
科学史研究院博物馆）

因斯福尔扎家族的到来，这三场演出使用的舞美装置的设计重点仍落在垂直上升和飞行的机械动作上，虽然这在数年前早已实验成功：在《耶稣升天》里，天使们要悬停在云端，然后一跃而下，再随耶稣一道重回天际；而在圣菲利切教堂的《圣母领报》中，圣天使长加百列则要带着一个哥特杏仁饰的圣牌从布满天使的半空降下。

所有这些设备和人物所做的直线运动都由机械发动机上的绳索控制。那个时代最杰出的艺匠－工程师们都致力于发明这类装置。加莱亚佐在1471年观看的那场《圣母领报》中使用的机械装置，极有

图 6.《舞台用振翅装置机械设计图》，约1480年，整体（第447e号手稿散页左部），现藏于佛罗伦萨的乌菲兹美术馆

可能很大程度上还是基于15世纪初期最伟大的佛罗伦萨文艺复兴建筑家菲利普·布鲁内莱斯基的工程学理论（图3，图5）。

这就是年轻的达·芬奇身处的世界：佛罗伦萨的艺术作坊不仅生产艺术杰作，还有惊人的机械装置。或许正是这种氛围

让达·芬奇萌生了通过模仿鸟类制造飞行器的想法。

正如很多学者假设的那样，达·芬奇的这个想法很可能诞生于佛罗伦萨，也就是他的早年时期，而非搬到米兰后的那段时光（1482—1483年）。佛罗伦萨的乌

菲兹美术馆收藏着一张达·芬奇早年时期的手稿（图6）。这张手稿的左下角，可以清楚地看见一双蝙蝠的翅膀（其中一翅被着重画出，图7）；把目光移向右边，我们能看见由机械发动机牵动的巨翅（图9），这只翅膀的根部连接着一根牵引柄，右上角则是另一个飞翼的示意图。这些草图勾勒出一台振翅装置，也就是飞行器的模样，并呈现出具体的工作原理。

在蝙蝠飞行器的设计图（图7）中，除翅膀外，我们还能看见它的头部和胸部，以及连接在下方的或许是尾部（或许是为天使扮演者固定装备所设计的束腰）的那个结构，而上下两头清晰可见的两个三角形结构可能是绳索或悬停装置。上方的三角形结构向上延伸，连接着一根缠绕在高处滑轮上的绳索。我们推测这不是一个通用的飞行器设计，因为与达·芬奇后来的设计有所不同。这项"工程学"计划应该是为在舞台上呈现出一位天使或一头会飞的地狱魔兽而做的，同时演员还能通过绳索悬停在高空。需要类似出场效果的戏剧角色已被证实在佛罗伦萨存在过。

图7.《舞台用振翅装置机械设计图》，约1480年，局部（第447e号手稿散页左部），现藏于佛罗伦萨的乌菲兹美术馆

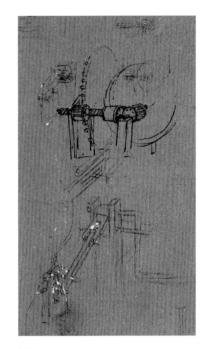

图 8. 乔瓦尼·丰大拿（Giovanni Fontana，1393—1455 年）创作的舞台用覆膜振翅自动机设计图，原载于《武器装备书》，现藏于慕尼黑的巴伐利亚国家图书馆（第 242 号藏品之第 63 页右页）

图 9

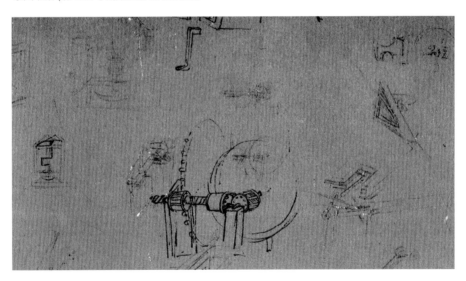

图 10

图 9—10.《舞台用振翅装置机械设计图》，约 1480 年，整体和局部（第 447e 号手稿散页左部），现藏于佛罗伦萨的乌菲兹美术馆

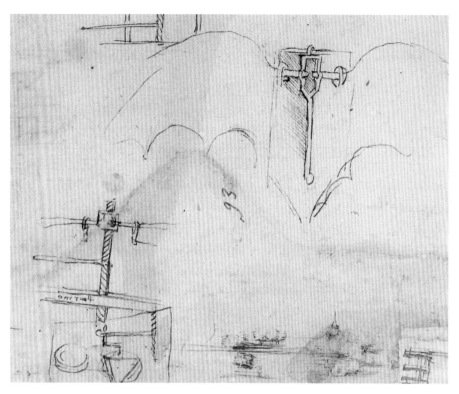

图 11

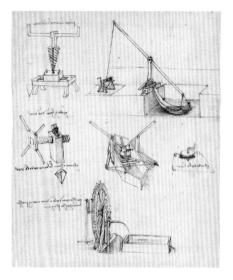

图 12

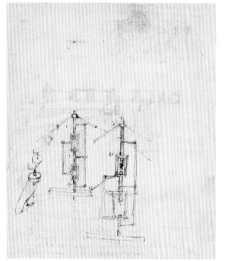

图 13

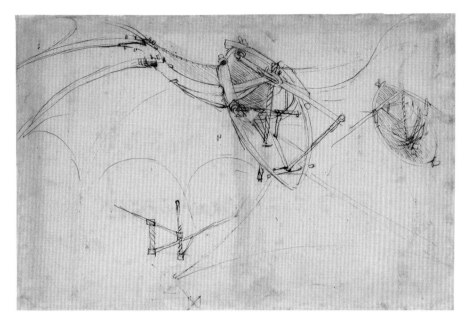

图 14

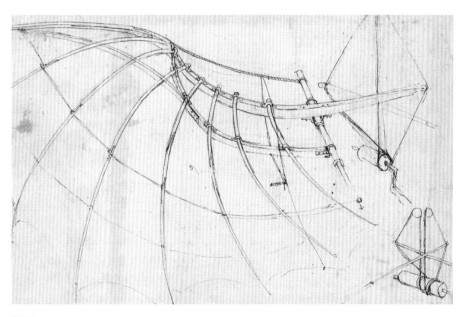

图 15

图 11—15. 或为舞台效果设计的振翅机械结构图：两端结构（图 12），中心结构（图 14）。这是一个船形的振翅装置，约 1480 年（分别为《大西洋古抄本》第 991 页右部，第 156 页右部，第 144 页右部，第 860 页右部，第 858 页右部）

比如在 1454 年的圣乔治节，人们曾用一辆载着击败堕落天使路西法的圣天使长米迦勒的花车在托斯卡纳的主要街道巡游，这辆花车还在各地表演了抓捕路西法和圣天使与受诅咒的堕落天使大军的空战场面。另外，15 世纪伟大的工程师乔瓦尼·丰大拿（1393—1455 年）所著的《武器装备书》中也曾描述过类似的舞台用覆膜振翅装置（图 8）。

这种推论也可以通过分析达·芬奇的设计得到解释。我们看图 9 的那台机械发动装置的具体结构：翅膀的根部连接在一根手摇曲柄上，其振幅受到一个叉形杆的限制，两翅只能做交替运动，在效果上并不像鸟类振翅那样足以提供翅膀必要的升力从而实现飞翔。

很有可能，达·芬奇在这项设计中并不想要获得机械飞行所需的升力，而只是单纯地为舞台效果创作一组"会飞的"翅膀。我们还能在牛津的阿什莫尔博物馆收藏的一张草图上找到另一台相似的装置——一个由立柱连接着翅膀的四方平台（图 19），只不过这件装置的每一边都有两个翅膀。

我们现在看到的这些研究路线，也许并非为了创造一部真正用来飞行的机器，而是为了制造那些足以迷惑观众的舞台效果。达·芬奇在早年时期，约 1480 年设

图 16. 达·芬奇和韦罗齐奥工作室，《为旋转木马设计的锦旗》，约 1475 年（第 212E 号手稿散页），现藏于佛罗伦萨的乌菲兹美术馆

计的另一些手稿也一样（图11—15，图34）。至少，翅膀的拍动算是研制成功，虽然只是一种形式上的复制。因为这是台与翅膀相连的手动发动装置，并且两个翅膀只能左右交替挥动，同时由中央一枚垂直的螺丝连接着的手柄控制上下移动。乌菲兹美术馆收藏的手稿上所画的曲柄设计使得这种振翅结构不能真正应用在飞行器中。

事实上，达·芬奇在后来的飞行器手稿中也不再使用此类设计。而在图11中，设计在中央的那颗上大下小的螺丝提供了悬停的功能；并且在图12和图14中出现的连接两张巨大蝠翼和一条尾巴的船壳型结构也只是一种舞美造型。

一般而言，达·芬奇在舞美方面的兴趣（可见于他诸多有关机械的手稿）更多地被认为萌发于他定居米兰的那一时期。除了上述证据外，其他线索也可以证明早在佛罗伦萨时期，他便已投身于这类发明之中。在为韦罗齐奥工作时，年轻的达·芬奇很有可能参与设计了一面悬挂在旋转木马上的锦旗，这件手稿现藏于乌菲兹美术馆（图16）。在《大西洋古抄本》的一页手稿（图17）上，我们能找到一台适用于舞台的机械装置（在插图的右上角），达·芬奇如此附文道："为了制造巨大的声响。"这页手稿下方，我们还能看到一张螺形装置草图（底下连着钩子，由一把曲柄制动），这台装置可以透过两双长筒袜套到人的双腿上，这是舞台工程的明证。另外，这页纸上还写着一段不完整的注释："为了让一盏大灯可以……"这似乎是舞台灯光问题的一种解决方案。同一时期的其他手稿也涉及了相似问题（图18，图20），比如在《灯笼设计图》中，达·芬奇的释义是："上面的星辰。"可以确定这就是一台舞美装置。

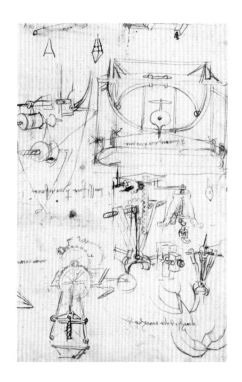

图17.《舞台装置》——扩音器设计和抬升装置，约1478—1480年（《大西洋古抄本》第75页右部）

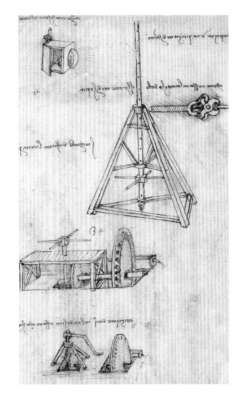

图 18.《灯笼设计图》，约 1480 年
（图 18 的左上方，图 20 为局部，
《大西洋古抄本》第 34 页右部和
第 576 页左部上方）

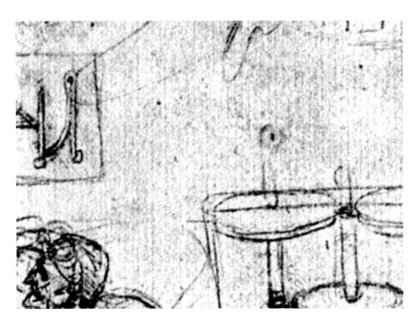

图 19. 或为舞台效果设计的飞行器，约 1480 年，局部，现藏于牛津的阿什莫尔博物馆

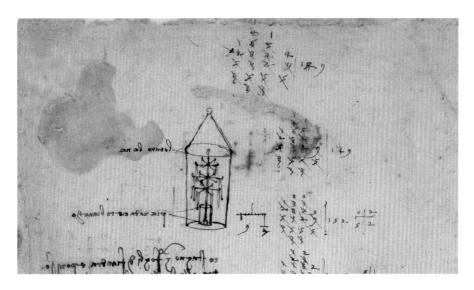

图 20.《灯笼设计图》，约 1480 年（图 18 的左上方，图 20 为局部，《大西洋古抄本》第 34 页右部和第 576 页左部上方）

图 21.《鸟类飞行轨迹线》，出现在图 6 反面，约 1480 年，局部（第 447e 号手稿散页右部），现藏于佛罗伦萨的乌菲兹美术馆

在动物世界中探索

15世纪时，几乎万事万物都被重新纳入知识与规则的范畴中，也都能进入佛罗伦萨工程－艺术家的活动中。但达·芬奇不止于此道，这是因为他的飞行器设计与其在动物世界中的研究和观察紧密相连。

在图21（即图23的左上角）中，达·芬奇写道："这是鸟类滑翔的模式。"并在下方记录了飞行轨迹。这条被隔开的注释和这幅快速画成的手绘图示，告诉我们达·芬奇在舞美装置的发明之旅中走出了另一条路。事实上，这种可以重现振翅运动的机械设计正脱胎于达·芬奇对鸟类飞行的观察记录。我们要知道，在他理解机械学的秘密后，"重造"自然和再创自然的飞行模式是他飞行器研究中最基本的目标。这是揭开达·芬奇伟大设计的第一条线索。

在乔尔乔·瓦萨里[6]撰写的《艺苑名人传》中有一篇《达·芬奇传》，其中记录了达·芬奇少年时期的一次创作历程，这是为他的父亲、公证员皮耶罗先生雇佣的农人所做的一面美杜莎头像。他的这次创作受到芬奇镇美丽的自然风光的影响，瓦萨里如此记录道："他把蜥蜴、蝾螈、蟋蟀、蝴蝶、蝗虫、蝙蝠和其他类似的动物全拿到那间只有他能进入的房间里。这些造型各异的动物组合在一起，就成了一

图22. 保罗·乌切洛（Paolo Uccello）的两幅《圣乔治与龙》之一，作于1465年，藏于巴黎的雅克马尔·安德烈博物馆

6.乔尔乔·瓦萨里：西方历史上第一位艺术史学家，他的纪传体艺术史《艺苑名人传》也是西方历史上第一部艺术史。

图 23. 本图为图 6 飞行器手稿的另一面，达·芬奇在此图中研究了鸟类飞行的轨迹（左上角），在舞台机械领域，他的创意还涉及自然主义的研究，约 1480 年（第 447e 号手稿散页右部），现藏于佛罗伦萨的乌菲兹美术馆

图 24. 保罗·乌切洛（Paolo Uccello）的两幅《圣乔治与龙》之一，约 1470 年，藏于伦敦的国家画廊

图 25. 达·芬奇的素描，约 1480 年（《温莎手稿》第 12370 页右部）

图 26. 为韦罗齐奥制作的一座大理石洗手台（位于佛罗伦萨圣洛伦佐圣殿的法衣室），其中表现了 15 世纪佛罗伦萨艺术中常出现的一种有翼神话生物

头异常恐怖可怕的怪兽。"

　　这则故事或许过于传奇，却指明了达·芬奇对动物学的兴趣。也正因儿时的爱好，他才有可能设计出人造飞行器，想象出各种神话生物的外形，如飞行的龙和其他在文艺复兴艺术界常见的东西（如图 22，图 24，图 26）。

　　事实上，在图 23 这张藏于乌菲兹美术馆的手稿中，就能清楚看见一头有翼巨龙的草图。它有一对覆膜的翅膀，和这页反面所画的有翼机器一样（图 6）。在同一时期的另一幅素描（《温莎手稿》第 12370 页右部，图 25）中，我们还能看见达·芬奇为舞台上的战争场景而画的一头龙的形象。

　　结合动物学与机械学研究的另一条线索，我们可以在《大西洋古抄本》中找到（第 1051 页左部，图 27—29）。这张手稿可能是达·芬奇在同一时期完成的，也就是离开佛罗伦萨的前夕，或在米兰定居的最初一段时间。这张手稿上呈现了两种相似的生物，正如瓦萨里的故事一样，它们吸引着年轻的达·芬奇：一只蜻蜓和一种带着四条薄翼的昆虫。离纸边稍远的一条注释是对自己的提示，他写道："要看四翼（昆虫）飞行的样子，就要去护城河那边，可以看到那些黑色覆膜的翅膀。"我们在乌菲兹美术馆的那张手稿（图 6）中间看见的那幅淡淡的素描，有可能正表现了这种四翼生物的背面或另一种相似的生物。同时牛津的阿什莫尔博物馆收藏的那份手稿中的飞行器草图（图 19），正如已经提到的那样，我们也可以看见蜻蜓的两双翅膀。

从动物学角度来看，蜻蜓的形象吸引了达·芬奇，因为他相信这种昆虫以交替模式拍动着四翼：当前面一对翅膀升起时，后面一对便降下（在蜻蜓素描里，达·芬奇写道："覆膜的四翼（昆虫）如此飞翔，当前面那对抬起时，后面那对随之降下。但这需要每一双翅膀都能有效地支撑住它全部的重量。"在翅膀的旁边，他又一次注释道："一对升起，一对降下。"）。通过这种模式，当一对翅膀上升至高点，下方的另一对翅膀则下压空气，这提供了让它飞起来的升力。

达·芬奇对自然界中飞行生物方面的兴趣，在后来得到了长足的发展，当下则让他萌生了一种更加清晰可靠的人造飞行器设计概念，这是一种真正可以支持、运用在飞行器设计中的概念。事实上，在这页手稿的右上角（图27，图29），我们就可以找到机械翅膀的设计图。这幅翅膀设计图只画了单边，分成A、B两支，模仿了蜻蜓翅膀交替飞翔的模式和功能：当前方的B滑向高处，后方的A就向下压紧空气（达·芬奇写道："当B部上升时，A部开始下降，因为在这种飞行模式中，需要一半的翅膀向下用力来压缩空气。"）。

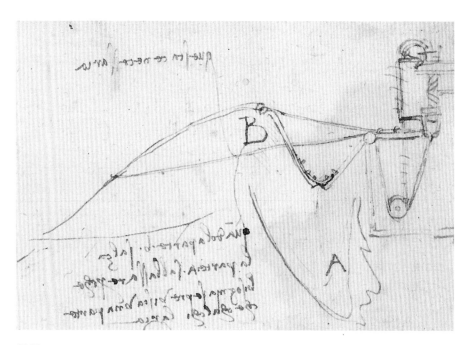

图27

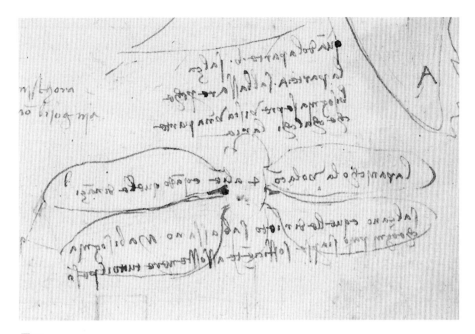

图 28

图 27—28.《飞行机器研究、蜻蜓的动物学研究和一种飞行昆虫的研究》，约 1480—1485 年，局部（《大西洋古抄本》第 1051 页左部）

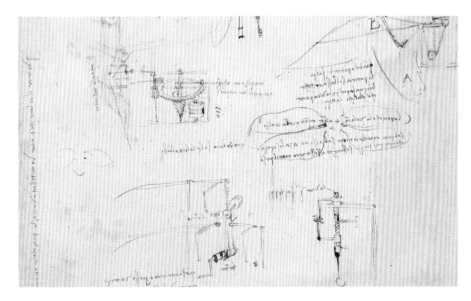

图 29.《飞行机器研究、蜻蜓的动物学研究和一种飞行昆虫的研究》，约 1480—1485 年，整体（《大西洋古抄本》第 1051 页左部）

"鬼斧神工"的奇才

把动物学研究和模仿自然飞行生物的机械学研究结合在一起，对达·芬奇而言，是从舞美装置和作坊工作发展到飞行器研究的一种质的飞跃。当他还在佛罗伦萨的时候，作为工程学研究的一部分，事实上他已经完成了针对各种自然元素的机械装置设计。这些设计结合了对水、土、气、火四大元素[7]的物理研究。说到第一元素——水，达·芬奇就做了抬升、运输水源的机械设计（图30，图33），水的气化研究（图32），以及为了求得瀑布的重量所做的"称量下降水流的机械模型"（图31）。

对于气元素，他设计了两种湿度器（图35，图36），他在手稿中写道："一种称量气体的装置，同时也是预测降雨的机器。"这个装置由一个悬挂在木杆上的三角锤规和下方的两个秤盘构成，一边放置可以吸

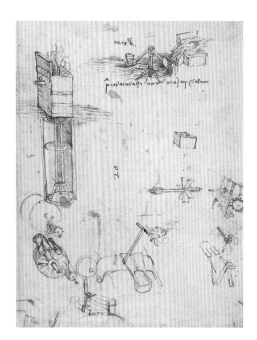

图 30. 为水元素设计的机械装置：《打水机》，约 1480 年（《大西洋古抄本》第 19 页右部）

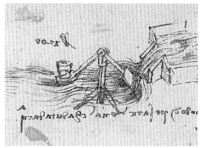

图 31.《瀑布测重机》，约 1480 年（《大西洋古抄本》第 19 页右部，右上方局部）

图 32.《水汽转换机》，约 1480 年，局部（《大西洋古抄本》第 1112 页左部）

---

7. 四大元素：古希腊哲学家恩培多克勒建立的四元素论，认为万物都由四种基本元素构成。

附水汽的海绵，另一边则是不亲水的蜡块。通过这种结构，水汽被海绵吸收后，就会使海绵这边下降，也就表现出"潮湿"的程度来。并且达·芬奇认为水汽是气元素的一部分。不过，在后来几年的飞行器研究中，这种湿度器的设计并未被运用进去。与作为工程师和机械专家的达·芬奇所开展的早期活动紧密相关的一份重要文献，是一封寄给米兰公爵卢多维科的信（第27页），写于从佛罗伦萨迁至米兰定居的前后。这份文献并非达·芬奇亲笔书写，而是抄信员代笔用拉丁语写的。但可以确定的是，达·芬奇的想法通过拉丁语的表述形式准确地表达出来了。

信末，达·芬奇夸张地褒扬了自己那难以置信的才华，并断言他人定会为此有所非议。在信的开头，他则把自己的机械学成果称为"我的秘密"。这种提法不禁让人联想到神秘文化和"鬼斧神工"，是一种可以追溯到中世纪的传统表达方法。13世纪时，著名的自然科学学者（当时并未出现今天我们熟知的那种科学家形象。

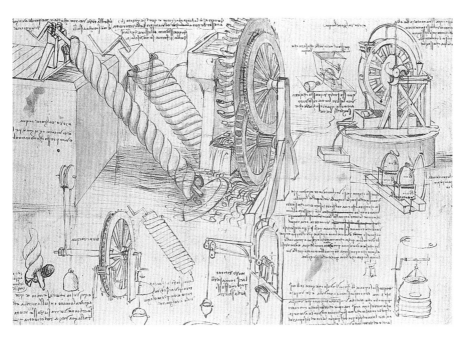

图33. 为水元素设计的机械装置：《打水机》，约1480年（《大西洋古抄本》第26页左部）

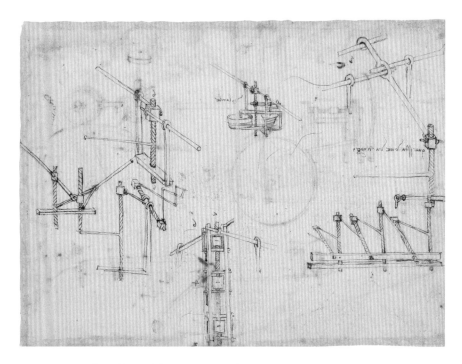

图 34.《飞行装置研究》，约 1480 年（《大西洋古抄本》第 1059 页左部）

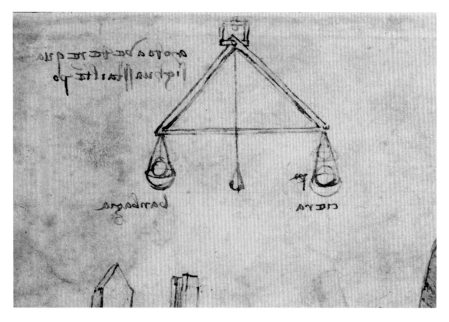

图 35.《作为气元素研究设备的湿度器设计》，约 1478—1480 年，局部（《大西洋古抄本》第 30 页左部）

自然科学学者所涉猎的科学、医药学等学科在当时被认为是哲学的一部分）鲁杰罗·巴克尼 [8] 在其著作《工艺与自然的奥秘》（*Epistola de Secretis Operibus Artis et Naturae*）中列举了一系列奇思妙想的发明创造，如不用划桨就能破浪而行的海船，不用畜力就能前进的拖车，可以让人在水上漫步、在水下畅游的装置，甚至是能让人飞翔的设备——一种人站在中间，两边有人造翅膀的装置。

图 36.《卢浮宫第 2022 号手稿》，约 1478—1480 年，中间上方的局部

8. 鲁杰罗·巴克尼：即英国方济各会修士、哲学家、炼金术士罗吉尔·培根，他对阿拉伯世界的科学发展以及从东方传来的古希腊经典十分熟悉，在当时就提倡要用亚里士多德式的实验精神来研究科学。

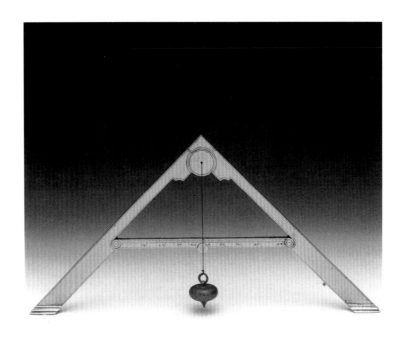

图 37. 锤规，一种测量角度的工具，17 世纪制品，现藏于佛罗伦萨的科学史研究院博物馆

图 38. 马里亚诺·德·雅各布，人称"塔克拉"（约 1382—1458 年），《隧道挖掘工程装置》（《帕拉蒂尼选集抄本》第 776 卷第 33 页左页插图），这张设计图表现出 15 世纪托斯卡纳地区工程师们的雄心壮志，现藏于佛罗伦萨的国家图书馆

达·芬奇写给米兰公爵卢多维科·莫罗[9]的信

"最尊贵的殿下！我已全部看过并充分测试过那些制造战争机器的工程大师所做的一切设计。这些发明创造的原理和功能，与常用的普通机器并无二致，那就让我竭力向您展现达·芬奇的惊世才华，和那些我从未与他人谈论过的秘密……我懂得建造一种既轻如鸿毛又固若金汤的桥，因此也是最方便搬运和组装的桥……如果需要乘浪而战，那我还能为您制作各类用来进攻和防守的海战装备，和可以释放灰尘与烟雾的船……我有一种方案能悄无声息地挖掘洞穴和密道，不管多么错综复杂，也不会发出一丁点儿声响，助您穿越大江沟壑。我还设计了一种坚不可摧的装甲车……在和平年代，我相信自己有能力在最精妙的建筑设计上与他人比肩……还懂得制作雕塑……在绘画领域也一样，足以媲美最杰出的人……另外，我还能为您建造青铜巨马，用来歌颂斯福尔扎家族永垂不朽的辉煌，来纪念您父亲无尽的荣

图 39. 上方的这页稿件是《大西洋古抄本》中的一页（1482—1483 年），其中包括了达·芬奇写给米兰公爵卢多维科的信（《大西洋古抄本》第 1082 页，即原粘贴于第 391a 页右部的一张散页）。这封信是达·芬奇雇佣抄信员代笔写成，信中主要涉及了战争机器的设计思路

---

9. "莫罗"（Il Moro）是米兰公爵卢多维科的绰号。据意大利历史学家阿里桑德罗·维斯孔蒂推断，这个称号可能与其在领地中广泛种植桑树有关，桑树在当时的伦巴第方言中称为 "moròn"。

光……若有人质疑我上述的提议皆为妄言，不可实现的话，我愿在您的花园躬身试验。"（《大西洋古抄本》第1082页，已经在第391a页右部上方出现过）

如此玄幻的发明清单和那野心勃勃的语气回荡在达·芬奇写给米兰公爵的信中。但在这里，他只字未提自己的飞行器，这是因为飞行器还未被证实有什么实用性。

在信中，达·芬奇以工程师和艺术家的身份，信心满满地向米兰公爵介绍了自己的发明成果，以及他的才能将如何被用到实处：他的发明总是这般惊奇又巧夺天工，同时还能给米兰公爵带来实际效用。

他列举了战场装备和城市工程的例子，这两个领域是米兰公爵最关心的部分（战争和水利）。他也在信末稍稍提及了自己的艺术才能，这与为弗朗切斯科·斯福尔扎也就是公爵父亲做一尊纪念碑的事情有关。

对于达·芬奇和同时代的众多工程师与机械学家而言，提出那种像鲁杰罗·巴克尼所描绘的梦幻机器的设想比中世纪时期还要常见。

即使相较于15世纪的锡耶纳工程师们，达·芬奇也毫不逊色。虽然他们广泛参与了对水上、水下船只、舰艇的设计和

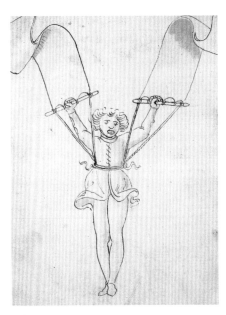

图40

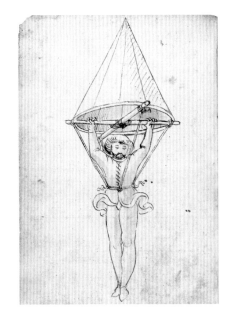

图41

图40—41.15世纪锡耶纳佚名工程师，两幅《降落伞设计图》（其他手稿编目之第34114号手稿，第189页和第200页右页），现藏于伦敦的大英图书馆

图 43

图 44

图 42—44. 安德烈·皮萨诺（1290—1348 年）设计的花砖，镶嵌在佛罗伦萨的乔托钟楼底部。这组花砖表现了自由艺术、机械艺术和在主门框上展现的当时其他的应用技术图示，以及代达罗斯的神话故事——那个对人类向往自由飞翔的隐喻

图 42

图 45. 安德烈·皮萨诺（1290—1348 年）设计的花砖，镶嵌在佛罗伦萨的乔托钟楼底部。这组花砖表现了自由艺术、机械艺术和在主门框上展现的当时其他的应用技术图示，以及代达罗斯的神话故事——那个对人类向往自由飞翔的隐喻

改良，发明了能在地下快速移动的设备和开挖隧道的工程装置（图 38），还有至少两个能让人在空中活动的装置，一个是类似于降落伞的设计，另一个则是不太可能实现的翅膀设计。达·芬奇在信中提到了一种可以在地下航行的设备，这种畅想我们也能在他青年时期设计的一艘船舶造型的飞行器（图 12 和图 14，《大西洋古抄本》第 156 页右部和第 860 页右部）中找到。

飞行器是当时人类最终的挑战，这是一种全新的、闻所未闻的设计，但至少有必要去幻想这类装置。在类比法占主导地位的科学观中，人们相信，如果人像鱼一样，就能在水里游弋，那么人只要像鸟一样，就能翱翔于天空。

在 14 世纪中叶的佛罗伦萨，在乔托钟楼底部朝着圣母百花大教堂的那面，装饰着一组浮雕。上面雕刻的图像全部与人类的发明创造、自由艺术还有机械艺术有关（图 43，图 44，图 45）。我们在这里还能找到人类航海活动的场景和其他在主门框上描绘的应用技术图示，甚至是代达罗斯的神话场面（图 45），这是对人类飞翔之梦的隐喻。

这样一圈浮雕就是对 15 世纪佛罗伦萨人全部壮举的总结，也都将在其后的几个世纪被人实现。布鲁内莱斯基设计的圣母百花大教堂的穹顶，正是一篇生动的宣言，它宣告了 14—15 世纪的托斯卡纳文化将被伟大的工程 – 艺术家们主宰。

在这极富创造力的环境中，对人造飞行器的挑战——安德烈·皮萨诺的花砖中展现的代达罗斯的神话和锡耶纳工程师们的野心——仿佛正要成真。莱奥纳多·达·芬奇决心拾起这个梦想，并带领它抵达最后的成功。

图 46. 科西莫·罗塞利绘制的湿壁画《圣菲利普·贝尼兹的传教》局部，现藏于佛罗伦萨的圣母领报大殿。这一部分展现了带铜质顶饰的佛罗伦萨圣母百花大教堂的穹顶。原作完成于 1475 年，不久后由韦罗齐奥工作室接手补画刚被安置在穹顶采光亭上的镀金铜球，达·芬奇任助手

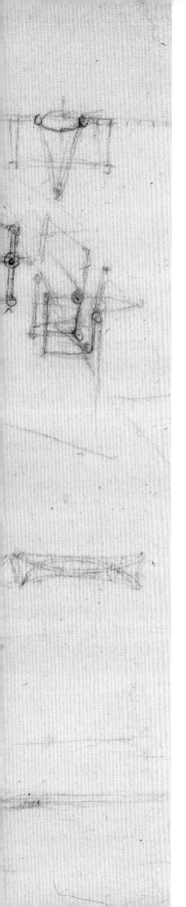

第二章
力的示意图

◀◀ 米兰
约 1483—1499 年

　　自 1482 年起，达·芬奇在米兰定居了十余年。他在那里深入探索了飞行器设计方案，大胆进行了理论研究，同时还服侍卢多维科·莫罗。尤其是人体解剖学和机械学上的研究成果，帮助达·芬奇的飞行器设计步入实用层面，并且他还制造了各种飞行器模型。

　　他在人体动态力学研究中获得的真知灼见，从根本上主导了飞行器设计在实用性上的突破。同一时期还诞生了名叫"飞行战舰"的设计方案。这一方案让达·芬奇短暂超越了动物学的研究视角，并勾勒出达·芬奇式机械学研究的雏形。随后，更多惊人的发现将在这一领域涌现。

《飞行器部件组装示意图》，约 1493—1495 年（《大西洋古抄本》第 70b 页右部）

一场秘密试验

"锯开顶楼大厅的横梁，才有足够的空间来制作这庞大的模型，它大到意大利境内的所有房屋都显得那么局促。如果把它安置在靠近高塔那边的楼顶上，那么从米兰大教堂侧面就看不到它。"

这则写在《大西洋古抄本》上两幅飞行器草图中间的笔记，展现了达·芬奇试图进行秘密飞行试验的想法（图1，图2）。

15 世纪 90 年代初，达·芬奇已经在米兰居住了约十个年头。公爵卢多维科·

莫罗命他住在位于米兰大教堂右侧，即现在的米兰王宫区的旧宫（Corte vecchia）里。这是公爵一家在 1467 年搬至斯福尔扎城堡前的居所，在卢多维科时期，这里成为安置重要宾客的地方。达·芬奇在这里居住并修建了自己的工作室。也正是在这里，他才能设计并制作出如此巨大的飞行器模型。这是因为，达·芬奇此行的目的是为弗朗切斯科·斯福尔扎建造一座纪念碑，而卢多维科要求这座雕像应有"巨

图 1. 飞行器草图

图 2. 飞行器草图

图 3.《黄金马克》草图

人之相"（如斯福尔扎家族门下的诗人颂赞的那样），因此仅雕像中的马就高达 7 米（而《黄金马克》[1] 像或韦罗齐奥工作室制作的骑马纪念碑的整高也不过 4 米）。他先是准备泥模（红土和沙土制成），接下来还要用铜水浇铸成伟大的塑像。达·芬奇的这件雕塑和同一时期在恩宠圣母堂的饭厅里绘制的著名壁画《最后的晚餐》（Cenacolo，图 42—44）将会成为米兰城的奇观胜景。若不是故意隐瞒的话，那么他的飞行器试验也一定会成为米兰又一个奇迹。不过至少在当时，达·芬奇还不希望他的飞行器计划走入公众视线。因此，正如开篇引文所述，他清理了旧宫的一间大厅，在那儿秘而不宣地研制着模型。在图 2 的这幅小稿上，达·芬奇描绘了模型的正面，它由一根绳索悬在大厅天花板上。我们可以看见一对翅膀和设计在支架上的降落装置。这台模型还被成功安放在屋顶上——为避免建造米兰大教堂外立面的工匠们看见全貌，达·芬奇把它安置在靠近高塔的那侧，隐藏在屋顶

1. 黄金马克（Marc' Aurelio）：立于卡比托利欧山上的马可·奥勒留骑马镶金青铜像。

图 4

图 1—4. 在《大西洋古抄本》手稿中（约 1493—1495 年，第 1006 页左部，整体及局部，图 1 和图 2），达·芬奇画下了悬吊在他米兰工作室天花板上的飞行器模型，并附上笔记。他的工作室在米兰大教堂附近，即图 4 所示的那块区域。在这里，达·芬奇正在为弗朗切斯科·斯福尔扎的巨型纪念雕塑做准备（约 1490 年，《温莎手稿》第 12358 页右部，图 3）

后面。

支撑起这场秘密试验的是大量繁复艰深的理论研究。虽然在动物世界中的探索仍至关重要，但研究学者们通常认为在 15 世纪 80-90 年代，达·芬奇把目光更多地聚焦在人体解剖学和动态力学上。达·芬奇只有从这种"人类中心主义"的新的研究视角出发，才能进一步发展他的人造飞行器计划。

人体动态力学

1482 年前后，达·芬奇到达米兰。虽然他在给米兰公爵的信中盛赞自己拥有惊世骇俗的能力，但他并不具备坚实的理论－文化基础。达·芬奇不懂拉丁语，而拉丁语在当时是多数官方文化、书籍、文书中使用的语言，所以他必须学习并掌握这门语言。因此他常与饱学之士交流往来，希望从他们那里得到一本学习拉丁语的书，或让他们更为实际地直接给他讲解拉丁语的用法。

他最先涉足的领域是机械学。在一则当时的笔记中，他写道："米兰布雷拉的修士们向我展示了何为 de Ponderibus。"（约 1489 年，《大西洋古抄本》第 611 页右部上方）我们不清楚具体是哪位修士向他介绍了这种古希腊的学问，不过我们知道 "de Ponderibus"（重力学，又称平衡学）是一种有关称重的科学。相对机械学而言，它既研究物体的质量（静态情况下），也追问运动和力的关系（动态情况下），具有运动学的理论内核。达·芬奇的另一项探索则是后来开展的人体解剖学。

在米兰的十年余间，达·芬奇完成了人造飞行器的理论研究。在这里，他主要解决了人体解剖学和机械学上的问题，也

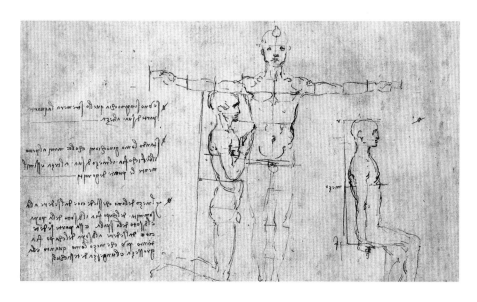

图 5.《三种姿势的人体比例研究》，约 1488—1490 年（《温莎手稿》第 12132 页右部）

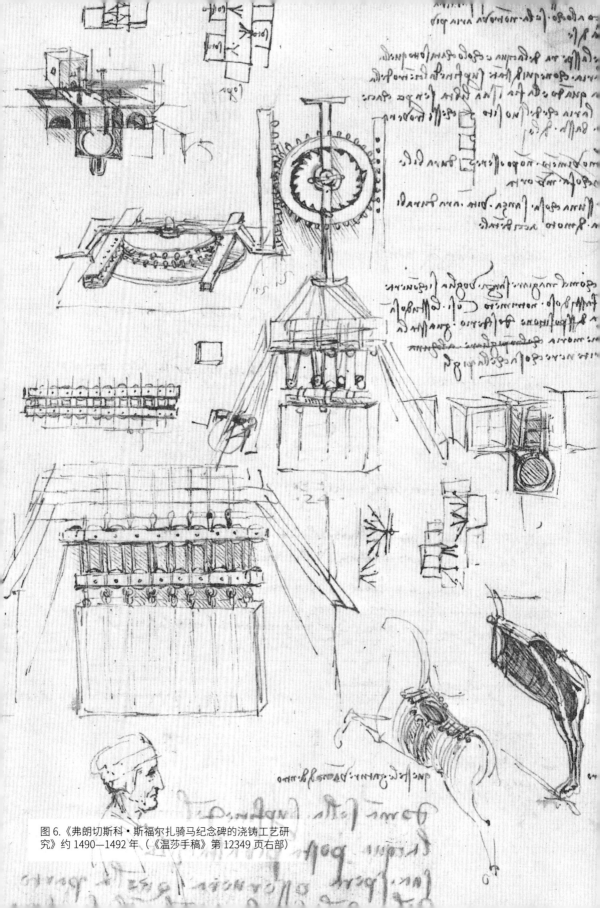

图 6.《弗朗切斯科·斯福尔扎骑马纪念碑的浇铸工艺研究》约 1490—1492 年（《温莎手稿》第 12349 页右部）

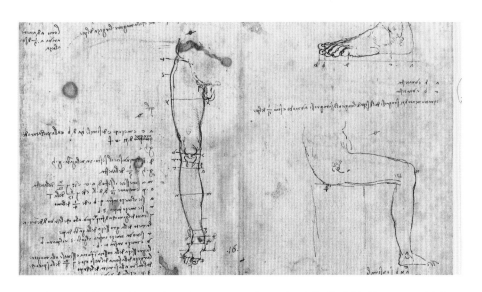

图 7.《多种角度的人体比例研究》，约 1488—1490 年，局部 （《温莎手稿》第 12136 页左部）

就是静态、动态人体和人体运动在机械实际应用中产生的那些问题。

　　大约在 1488—1490 年间，达·芬奇开始对人体比例进行系统性的测量研究（图 5，图 7）。其研究目的不只是求得静态的、典型的人体比例，还包括采集人体在不同姿势中的比例数据。也就是说，他不仅关注双腿直立的人体比例，同时还研究了跪着和坐着的人（《温莎手稿》第12132 页右部）。

　　在这项研究中，达·芬奇还前无古人地运用类比法，对人体动态造型进行比较研究（图 8—13，图 22）。通过这种研究，他发现了人体各部位的发力方式。具体地说，他将某个部位的两种不同姿势的测量图安排在同一画面中，对比着研究，如《温莎手稿》第 12136 页左部（图 8）或《手稿 B》第 3 页左部（图 9）中画的那样。

　　图 10（《大西洋古抄本》第 1058 页左部）被认为是达·芬奇在米兰时期最早的飞行器研究手稿，呈现了其在刚刚涉足的人体动态力学领域的研究成果和试验图示。通过把人放置在天平秤盘或巨型台秤上，他计算出不同运动状态下的人体重力值。（相关素描可见图 10 和图 11 中那几幅远离纸张边缘的小稿）

　　我们还能找到一个身处飞行器中的人，他端坐在天平的一端，用手操纵着一对机械翅膀。在这页手稿中，达·芬奇还测算了正常状态下的人体重量，即直立人体的重量，还有高举双手、向上跳跃时的人体重量。最后，在图 10 左上方的那个

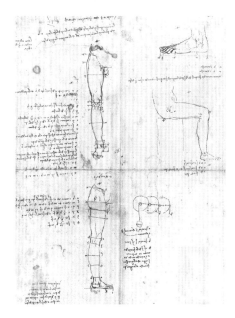

图 8.《人体动态力学的测量和比例》，约
1488—1490 年（《温莎手稿》第 12136 页左部）

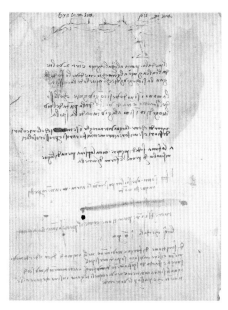

图 9.《人体动态力学的比例研究（《手稿 B》
第 3 页左部）

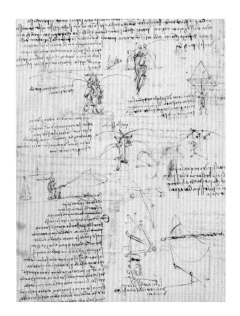

图 10.《多种角度的人体动态力学研究》，约
1485 年（《大西洋古抄本》第 1058 页左部）

图 11.《多种角度的人体动态力学研究》，约
1485 年,局部（《大西洋古抄本》第 1058 页左部）

图 12

图 13

图 12—13.《多种角度的人体动态力学研究》（《手稿 A》第 30 页）

图示中，我们可以看见两人同时坐在飞行器里，以一人休息、一人用力的方式交替操纵。

《手稿 A》中的一页（图 12）则是另一案例，达·芬奇在此验证了施力动作与人体重量的关系——200 力拔[2]（libbra），即约 68 千克是正常状态下的人体重量，而当人进行不同活动时，其重量会随之消长：例如，当人背靠横梁，双脚撑于秤盘上时，他的"重－力"便会翻番，变成400 力拔。

证明人体动态力学研究与飞行器设计紧密相关的另一个例子，正是图 1 那张《大西洋古抄本》上的手稿（约 1493—1495 年，第 1006 页左部）。这页手稿不但描绘了在旧宫中的那场试验，达·芬奇还在空白处绘制了 7 幅造型各异的人体动态小稿。我们并不能确定这些小稿都是为了飞行器驾驶员所作，但不论如何，即便与我们的推断背道而驰，这些研究都对人体动态力学和人造飞行器设计具有重要意义。

事实上，这些研究随即引出另一个问题，即如何获得必要且有效的升力。接下来，达·芬奇对飞行器的机械学原理和物理学条件的深入思考，将使他这些年的研究成果更为殷实丰硕。

2. 力拔（libbra）：意大利古代度量单位，1 力拔为今天的 339.5 克。

图 14

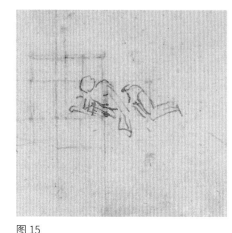

图 15

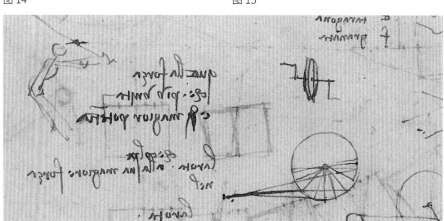

图 16

图 14—16.《有关飞行器研究的多种不同姿势下的人体动态力学研究》,约 1493—1495 年,局部(《大西洋古抄本》第 1006 页左部)

对于这一问题,图 10 这页《大西洋古抄本》上的手稿(第 1058 页左部)为我们展现了新的视角,即人造飞行器的可行性研究必须建立在动态力学和物理学的卓绝的理论基础上:"物体施加于空气的力同空气作用于物体的力一样大。你看雄鹰靠击打双翅最终获得了代替它自身重量的升力。空气如火一般敏锐。"

事实上,达·芬奇确立了一种牛顿式的"空气动力学的作用力–反作用力"原理:飞行只是一种纯粹的机械学现象,归因于翅膀和空气之间力的动态作用。在振翅运动中,翅膀拍击空气(由翅膀的下降和上升过程组成),同时空气也在反向拍打着翅膀。在达·芬奇描绘的例子中,雄鹰用翅膀击打空气,是为了得到一种反

图 17.《为了验证人是否有能力手动制动机器翅膀的实验示意图》（《手稿 B》第 88 页左部）

图 18. 基于达·芬奇素描（《手稿 B》第 88 页左部）建造的模型

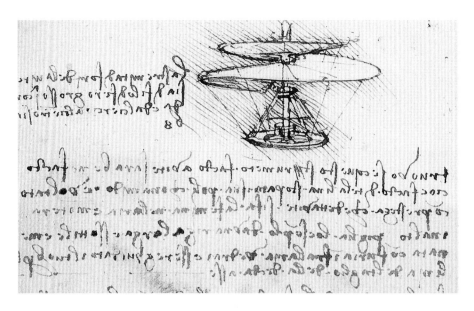

图 19.《螺形飞行器设计图》（《手稿 B》第 83 页左部）

馈，即在飞行中代替自身重量的反作用力。同理，在海上，风在船帆上施加的压强是航行的动力来源。《特里武齐奥抄本》是达·芬奇在这一时期常用的一本笔记本，呈现了他在米兰定居时的许多奇思妙想。在此达·芬奇详细阐释了另一项重要的物理学概念——空气的压缩特性假说。

与水不同，达·芬奇认为空气具有被压缩的特性，只要通过有效的速度来压紧空气，就能防止这些气体消散在周围："空气能被压缩，而水不行。当一种运动方式能在空气弥散前就捕捉住它，那这部分空气就能因此变得更为稠密，从而提供更多的反作用力。"（《特里武齐奥抄本》第 13 页左部）

从这种理论中涌现出的是一场多年来最为惊心动魄的实验（图 17）。达·芬奇将一张覆膜的巨翅固定在一座小丘的山脊上，底部连接着一块重 200 力拔的大木板（即约 68 千克，如前文所述的正常人的重量）。整个装置与一台人力杠杆系统相连，下压杠杆便使翅膀对空气施加压力，并通过这种方式吊起大木板。这场试验是为了验证，基于杠杆原理设计的翅膀能否如预期的那样提供有效的速度，将人抬升起来。

图 19 则是一种被称为"螺形飞行器"（《手稿 B》第 83 页左部）的设计。这

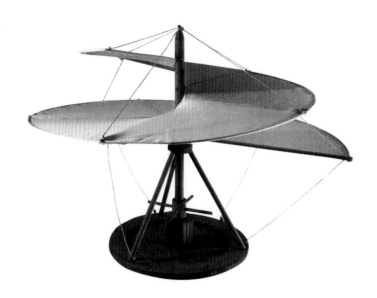

图 20. 基于达•芬奇素描（《手稿 B》第 83 页左部）建造的模型

种机器的飞行原理基于另一种空气的物理属性假说。达•芬奇认为，空气或许如其他物质一样具有厚度，那就有可能以适当的速度（"通过极速旋转而飞行"）使物体在空气中被拧紧，从而使其上升或移动。我们并不清楚在这种模式下旋拧的动作该如何完成，或许是通过一条绳索预先拧紧中央鼓膜状的旋翼，再以高速释放，让它如陀螺一般运动起来；又或许依靠一人或多人在下方的水平横杆上施力，带动中央轴承旋转起来。

总而言之，上述这些创想让人造飞行器设计被简化为一个动力学问题：只要找到适当的动力和速度来击打翅膀并压缩空气，实现人造飞行器之梦指日可待。在这些设计中，飞行器驾驶员的作用仅仅是提供动能。而在达•芬奇后来的计划中，他认为只需了解如何安排驾驶员并使其做出何种动作，就可以获得让飞行器上升的最大有效动力。上述提到的有关人体动态力学的研究也都出于此种目的。

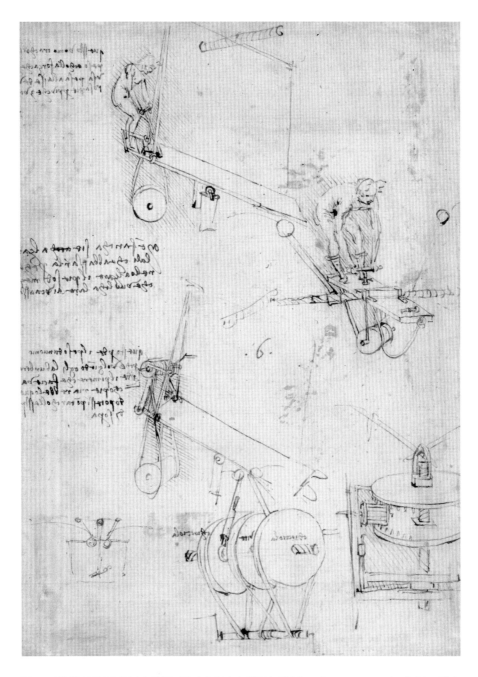

图 21.《操纵不同飞行器动力装置时的人体动态力学研究手稿》，约 1487—1489 年（《大西洋古抄本》第 873 页右部）

力的图示：《手稿B》中的飞行战舰

在达·芬奇其他类似的计划中，人体与机器的关系就好比一张力的线性示意图。经过反复推敲，他采取了一种更直接的方式来解决人力在与机械装置交互运动时的力的传递问题（《大西洋古抄本》第873页右部和《手稿B》第88页右部，图21和图24），因而诞生了又一项令人惊叹的旷世创举：这是一台飞行战舰（《手稿B》第80页右部，图25），它的底座是一个朝天的拱形木盆，驾驶员站在中间发力，让四条巨翼挥舞起来。整个设计就是一张力的图示，达·芬奇希望借此赢得最后的胜利：仅靠人力便让一台机器遨游长空。驾驶员必须蹲在战舰中央，不仅需要手脚并用，转动曲柄和踏板，还需用上脑袋、脖颈和肩膀的力量。这台机器就是一面巨大的画布，达·芬奇把之前验证过的所有人体动态力学方案全部画在了一起，甚至包括他对烟囱清扫工的力学研究（约1493—1496年，《福斯特3号抄本》第19页右部，图22），驾驶员必须蜷缩在一个如烟道般狭窄的空间里。没有任何笔记，也没有任何注释来说明飞行战舰的驾驶员是如何控制航向的。那或许是一位"失明"的机长，他的一切工作只能让自己摆脱地心引力。

达·芬奇同时构想出一种适合飞行器的人力制动系统，用来启动振翅装置。他用一条绳索缠住高低两个木轮，转动木轮就能使绳索做上下运动。绳索两边的环各自连接着两只翅膀，当某一边的环上升时，另一边的翅膀就向下扑打，反之，当环下降时，翅膀就能抬起。这种机械结构曾在

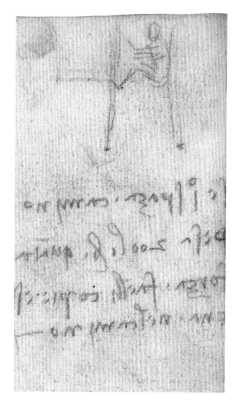

图22.《烟囱清扫工在清洁烟道时的动态力学研究》，约1493—1496年（《福斯特3号抄本》第19页左部）

图 23. 基于达·芬奇素描（《手稿 B》第 80 页右部）建造的模型

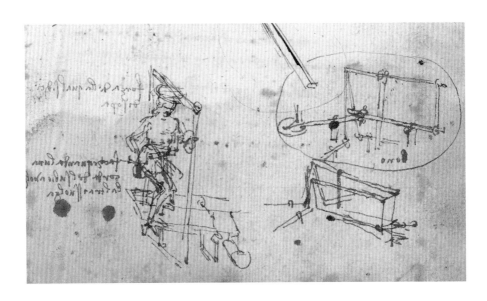

图 24.《操纵飞行战舰时驾驶员的施力方式和其动态力学研究》，局部（《手稿 B》第 88 页右部）

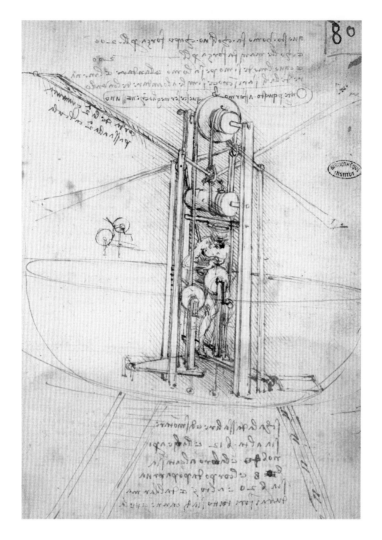

图 25.《飞行战舰设计图》（《手稿 B》第 80 页右部）

早期设计中出现过，如今成了达·芬奇飞行器设计的主要动力结构，与我们在第一章中介绍的那些机器结构截然不同（如第一章中的图 11—14 和图 34）。他早期的飞行器设计并不使用这种滑轮制动系统，而是采取螺钉系统，即把两张翅膀连接在旋进螺母的螺丝或双头螺钉上，通过驾驶员操纵一把车柄状的横杆来控制杠杆前移和拉近，从而驱动翅膀上下扑打。

图 26. 基于达·芬奇素描（《手稿 B》第 18 页左部）建造的模型

比例与对称：至高无上的中心

在一则与飞行战舰有关的笔记中，达·芬奇写道："人的头部提供200力拔（即约68千克）的动力，双手再产生200力拔，同时还有人自身的重量。十字形的四只翅膀做拍击运动，很像马儿奔跑的方式，因而对于飞行器设计，我确信什么都没这个好。"

驾驶员通过运动提供的动能应被平均分为三份（头部、手部和脚部施压的自身体重），而翅膀在扇动时所产生的其他动能也应均匀分配（"一对翅膀下降，另一对就上升，"达·芬奇写道，"就好像奔马的四肢。"），这种设计暗示着一种平衡性和一致性。正因此，我们认为达·芬奇所计划的并不只是建造一台具备飞行能力的机器，他还希望这台机器的各个结构与其产生的动力都能达成一种对称，构成一种平衡关系。

战舰正是一轮对称的圆，驾驶员站在中央，四面的翅膀则划出一道"十字"（每一面都长 40 布拉丘[3]，正好是飞行舱长度的两倍，"从舱头到舱尾"便是 20 布拉

图 27. 图 25 中的飞行战舰采用的中央对称结构同样被应用在同时期的其他研究领域中：如一座大教堂的设计方案，1498 年，局部（《手稿 B》第 18 页左部），前页为根据达·芬奇素描复制的模型）。

---

3. 布拉丘（braccio）：意大利古代长度单位，在米兰地区，1 布拉丘长约 60 厘米。

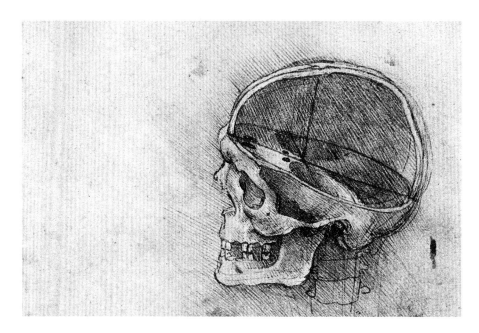

图 28. 在头骨的解剖学研究中，达·芬奇标示出位于正中位置的那个点，居住着灵魂和共通感，以此类推，位于飞行战舰中央的驾驶员也扮演着一样的角色，1489 年，局部（《温莎手稿》第 19057 页右部）

丘），这种造型结构展现出另一影响人造飞行器设计的重要研究领域（至少对于飞行战舰而言），那就是对几何学与数学比例的探索，和对完美比例的追问。这都是达·芬奇从文艺复兴文化传统中发展出来的学问，所关注的是那些具有中央对称性或等边的几何图形，主要是圆形、方形和"十"字形。

同样在《手稿 B》中，除飞行战舰外，我们还能找到一系列采用中央对称造型的建筑手稿。这些建筑总被设计成方形和圆形，或两者相结合的形状（图 26—27）。在同期进行的人体解剖学研究中，达·芬奇通过拆解头颅，测量头骨比例，标示出一个中心点，并认为在这个点上住着灵魂和共通感 [4]。最后，当时完成的另一项研究也涵盖了许多有关人体运动学的论述，但现在我们只能通过《惠更斯抄本》上的副本

4. 共通感（senso comune）：与灵魂相似，是一系列感官刺激的汇聚点。

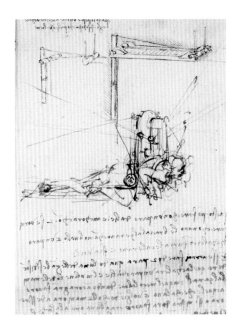

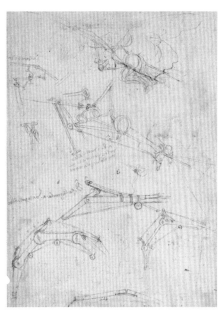

图 29.《驾驶员需以水平卧姿操纵的飞行器设计》（《手稿 B》第 79 页右部）

图 30.《驾驶员需以水平卧姿操纵的飞行器设计》（《大西洋古抄本》第 747 页右部）

（藏于纽约的摩根图书馆,图 32）来一窥究竟。在这里，达·芬奇用素描的形式清晰地阐明了"中心－灵魂"的普适性关系，人的各种运动被描绘成围绕中心点旋转的曲线图示。["我们常说，筋骨和神经中蕴藏的力量，全因精神的德性而运转，萦绕在中心－灵魂的周围。"（手稿第 11 页）]

深刻又富于智慧的思考是达·芬奇这一时期的研究特色，渗透在无数手稿与设计中，当然也包括飞行器设计（图 25），以至于他的飞行器外观被勾勒成一种具有"中央对称性"和完美比例关系的造型。那个站在中央位置的驾驶员正是整台飞行器的共通感所在，就好比躲藏在人类头颅中的灵魂，而灵魂从本质上讲就是最大的动力源。

图 31

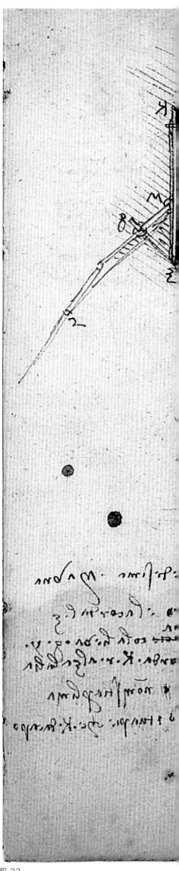

图 33

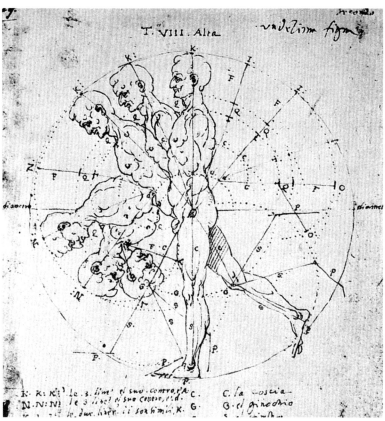

图 32

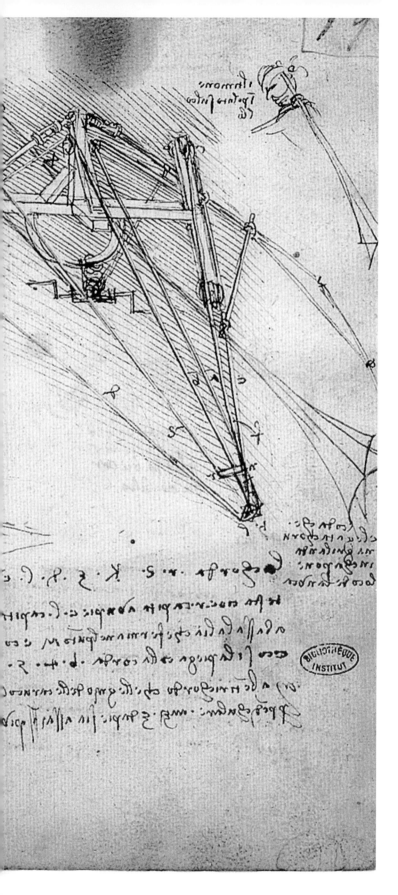

图 31.《游泳用的覆膜状手套》，局部，其造型模仿了蝙蝠的两翼，同一些飞行器的翅膀设计一样（《手稿 B》第 81 页左部）

图 32.《飞行战舰设计图》（图 25）和其他相关研究（图 26—28）以及人体动态研究都基于中心点的概念发展而来（此图画于 17 世纪下半叶，基于达·芬奇的研究手稿，载于《惠更斯抄本》，现藏于纽约的摩根图书馆，第 29 页，局部）

图 33.《驾驶员需以水平卧姿操纵的飞行器设计》（《手稿 B》第 75 页右部）

动物学的研究路线：活动的翅膀和轻盈地翱翔

人体动态力学、物理学和比例学，作为飞行器设计的理论基础，是达·芬奇在15世纪80—90年代的主要研究领域。而动物学领域的研究，作为达·芬奇在佛罗伦萨时期作坊实践中一件重要的思想解放工具，现在看来或多或少地被边缘化了。虽然很多学者也将上述设计，包括飞行战舰，定义为"扑翼机"并盛赞其中的动物形态学的设计原理，却都言过其实了。因为这类机器只有翅膀和伸缩式脚踏板的设计是其中的动物形态学元素，而其余部分却全部基于人体动态力学原理和人体造型比例。

动物学研究的高峰在当时主要体现在另一类飞行器设计中，那是一种驾驶员必须横卧在机器下方操作的设计方案（《手稿B》第79页右部，《大西洋古抄本》第747页右部，《手稿B》第75页右部；图29，图30和图33）。与飞行战舰截然不同的是，这种设计尤其注重飞行器在航行中的转向与变向操作的可行性。在其中一项方案（《手稿B》第75页右部，图33）里，达·芬奇尝试增添一把连接在驾驶员头部或颈部"花环形"构件上的转向舵，正如手稿右上方所描绘的那样。在这类设计中，驾驶员除了提供动力，还需掌

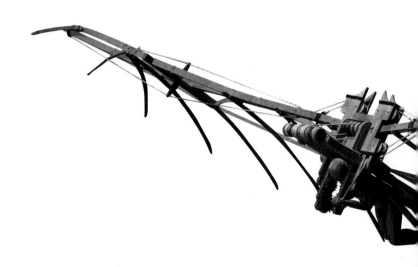

图34.基于达·芬奇素描（《手稿B》第74页左部）制作的飞行器模型，现藏于佛罗伦萨的科学史研究院博物馆

控方向并灵巧地驾驶飞行器。因此，这种机器可以完成更多的飞行动作：一方面它能直接启动振翅运动，在空中不断前行；另一方面，当翅膀下拍时，可以将翅膀转到垂直于气流的方向（通过这个模式，获得更大的面积来压紧空气），或在上抬过程中，将翅膀转到平行于气流的方向（通过这个模式，更方便地避开空气阻力）。

这些翅膀至少有一部分是可活动的，通过这种构造做出屈曲或伸展的动作，就能使飞行器保持平衡并改变航向。此种设计在这类方案的早期手稿中已经成形（《大西洋古抄本》第 747 页右部，图 30），那是一组灵活轻便的翅膀，由多个可活动关节构成，以此完成向外延

展或向内弯折的动作。

驾驶员仅需使用双手或双脚，便可完成上述所有的变换效果，从而保证更高的操作自由度，也使驾驶员能够参与到维持机器平衡和转向的工作中来。在一些设计里，这些变换动作，如翅膀的伸展更是通过运用软性材料来实现自动变化。

达·芬奇执意追求这种灵巧的飞行模式的根本原因，在于他试图效仿自然界中鸟类飞行的轻盈姿态，也取决于他对动物世界的关注。

在《大西洋古抄本》中，我们可以找到一个较为成熟的可活动翅膀设计方案（约 1493—1495 年，《大西洋古抄本》第 844 页右部，图 35），达·芬奇在一

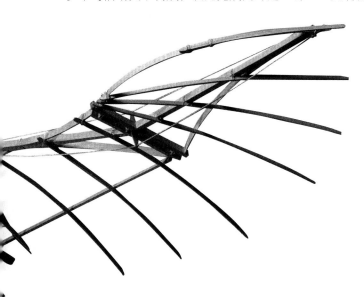

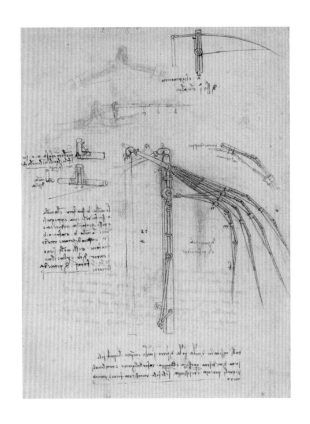

图 35.《飞行器翅膀的机械设计图》，约 1493—1495 年（《大西洋古抄本》第 844 页右部）

旁注释道："这是一种膜，像翱翔真豹魟鮴（Pesce Rondine）[5] 那样。"也就是说，飞行器的翅膀需要覆盖一层膜状物，就如蝙蝠的两翼或飞鱼的鱼鳍一般。数年前，对这两种动物的研究曾同时出现在《阿什伯纳姆 1 号抄本》（Codice Ashburnham I）的一页上，当时达·芬奇形容飞鱼"是一种可以从一种元素跨越到另一种元素的生物"。后面的几页，也就是在《手稿 B》中（《阿什伯纳姆 1 号抄本》原为《手稿 B》的一部分），我们还能发现一个水下潜游用的手套设计方案（《手稿 B》第 81 页左部，图 31），手套同样也是覆膜造型，并且和飞鱼的鱼鳍十分相似。

对动物世界的研究兴趣，还应归功于类比法的运用。这是在佛罗伦萨时期就已形成的一条研究脉络，这种思维模式推动着人类认识、研究其他的生灵，并以一种多样化的视角，通过技术手段来获取与其相同的能力。

5. 翱翔真豹魟鮴：飞角鱼的一种，俗称"飞鱼"。

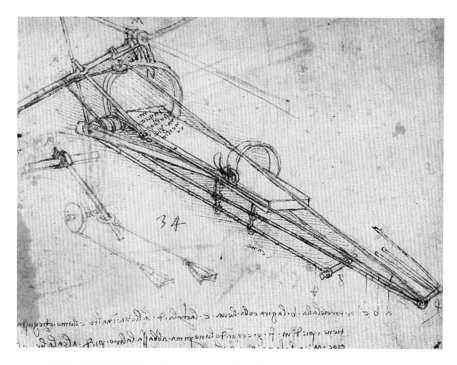

图 36.《飞行器设计》，约 1485—1487 年（《大西洋古抄本》第 824 页左部）

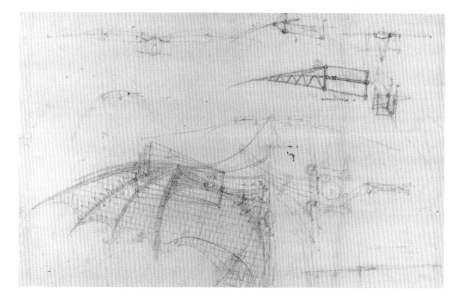

图 37.《飞行器部件组装示意图》，约 1493—1495 年（《大西洋古抄本》第 70b 页右部）

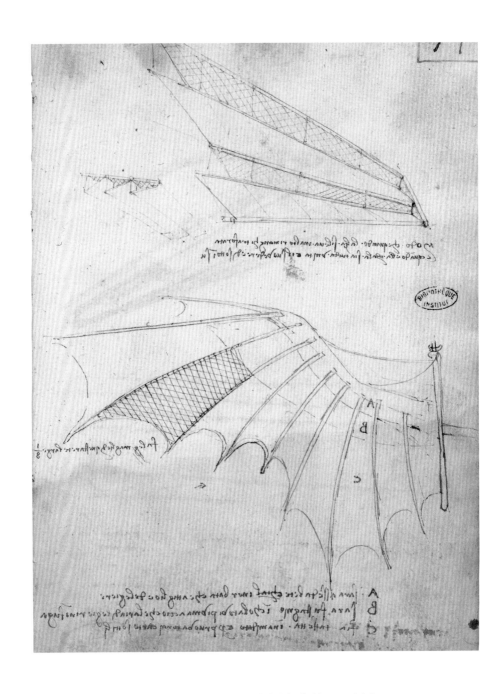

图 38.《飞行器翅膀结构研究》（《手稿 B》第 74 页右部）

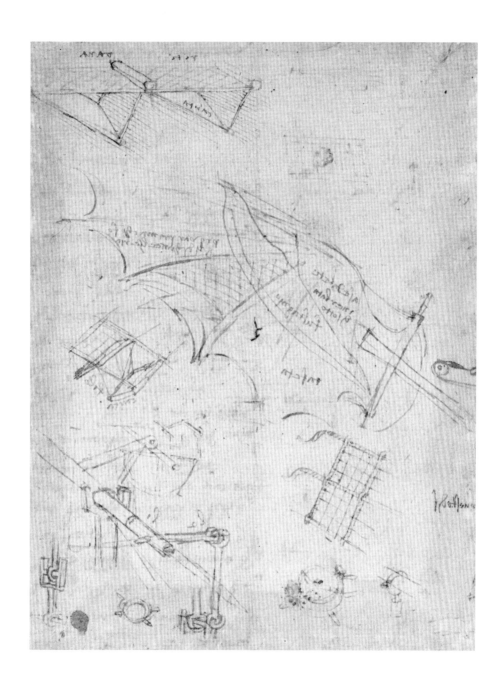

图 39.《飞行器研究》，约 1487—1490 年（《大西洋古抄本》第 848 页右部）

帆式飞行器:
综合型飞行器,转向全新设计思路的第一步

从前面介绍的这些研究中可以发现,即使对达·芬奇而言,想要设计出综合上述两者的飞行器也并非易事。我们都知道,不管是纯人力飞行器还是模仿鸟类的飞行器,都存在着许多问题待解决,而且这两种类型的飞行器在设计上还未出现任何融合迹象。

动力方面的问题,例如一系列动态力学研究,主要反映在飞行战舰的设计中;对于平衡性和转向问题的研究,则在横卧操纵的那组设计中体现出来。除此之外,

面对这两组设计,达·芬奇还需解决翅膀的结构问题,也就是机身和翅膀的连接问题。在之前的一些设计(《大西洋古抄本》第747页右部和第824页左部,图30和图36)里,虽然他描绘了飞行器的整体造型,但这些草图很少涉及结构性细节和具体的组装方案。

在另一组研究中(《大西洋古抄本》第70b页右部,《手稿B》第74页右部、第848页右部和第854页右部,图37、图38、图39和下一章的图31),达·芬

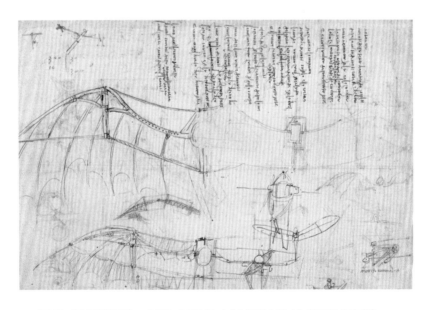

图40.《飞行器研究》,1493—1495年(《大西洋古抄本》第846页左部)

奇着手描绘与机身相连的翅膀结构，因此翅膀和驾驶员同时出现在画面中。这组研究完成于1493—1495年间，书写在《手稿B》和《大西洋古抄本》（《大西洋古抄本》第848页右部，图39）上。如果我们回到达·芬奇绘制《最后的晚餐》（图42—44）的那几年中，即1496年以后，就会发现定居米兰的达·芬奇同文艺复兴最杰出的数学家卢卡·帕丘里（Luca Pacioli，图45）关系甚好。后者不遗余力地将其毕生所学，那些最前沿的数学－几何学知识倾囊相授。

那是伟大的智慧猛烈碰撞的年代，达·芬奇的奇思妙想也因此变得更加璀璨夺目又切实可行。他开始计划并起草了一部分有关机械学、光学、水文学、绘画和人体解剖学的研究稿件。《马德里1号抄本》（多半完成于15世纪90年代）之于科学，正如《最后的晚餐》之于艺术那般重要，这两件惊世杰作对达·芬奇而言，已是如此接近他的终极目标，同时也是对他早年研究的一种补充。从某种意义上说，这些翅膀与机身结合的初期研究，特别是《大西洋古抄本》第70b页右部上用红色铅笔勾出的设计图（图37），虽然仅仅描绘了一种能将翅膀连接在驾驶

图41. 基于达·芬奇素描（《大西洋古抄本》第846页左部）制作的模型，现藏于芬奇镇的达·芬奇理想博物馆

图 42. 达·芬奇在米兰时期绘制的《最后的晚餐》，约 1496—1498 年，整体

图 43. 达·芬奇在米兰时期绘制的
《最后的晚餐》，约 1496—1498 年，
局部

图 44. 达·芬奇在米兰时期绘制的
《最后的晚餐》，约 1496—1498 年，
局部

图 45. 雅各布·德·巴尔巴里（Jacopo de'Barbari），《卢卡·帕丘里像》，1495年，现藏于那不勒斯的卡波迪蒙特美术馆，画中人为达·芬奇非常重要的数学家朋友，也在这一时期身处米兰

室两旁的构件，但在飞行器研究领域里，这一设计标志着两者结合的时刻最终来临，此时达·芬奇终于考虑到要将多年来分别进行的两项研究融合到一起了。

不过到目前为止，才仅仅浮现出两者相结合的样子。如果说先前的这两组研究分别试验了模仿和重造自然界中的鸟类飞行模式（振翅运动和飞行转向）的话，那么在这个完整的新计划里，翅膀不仅能通过内部的坚硬构件带动外部软性材料做伸缩运动，还能做出其他飞行动作，包括控制飞行器的平衡。接下来，师法自然的思维模式帮助达·芬奇在动物学研究中拓展了自己的飞行器设计视野。这是一个更为现实，也更具操作性的设计概念：帆式飞行器。这项设计由一个御风的类翅膀组成（图41），并且这台机器怎么看都像是一台支着大帆的飞行器，它乘风而行，酷似滑翔机。另外，此时的达·芬奇早已借助15世纪"机械学家"留下的发明——降落伞——研究了数年的空气静力学（Aerostatica）。

如前文所述，达·芬奇在《大西洋古抄本》第1058页左部（图10）上将飞行运动定义为一种机械学现象。同样在这页上，我们还能找到一幅降落伞的设计图（图48），他在一旁标注道，正因有人的存在，"不管从多高的地方降下，都能毫发无损"。达·芬奇对降落伞原理的理解已经超越了锡耶纳的工程师们，如我们在前一章中所说（前一章的图40和图41），这是他在研究中经验主义触碰得更少的结果。在振翅飞行器中发现的关键性因素——空气的作用力反作用力原理——同样适用于降落伞型飞行装置：人依靠自身重量以及高耸又宽阔的降落伞装置（高、宽皆为12布拉丘，约7.2米）给空气施加压力，从而减缓降落速度。

我们能在后几年完成的《马德里1号

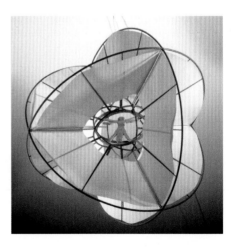

图46. 基于达·芬奇手稿（《马德里1号抄本》第64页右部）制造的球形飞行器模型，现藏于芬奇镇的达·芬奇理想博物馆，站在中央的人可以一直保持垂直于地面的站姿

抄本》（约 1495 年，第 64 页右部，图50）中找到相似的研究，那是一些以风力作为动力源的被动飞行器。在上方那个设计中，使用者应站在空心球体的中间，即扇片结构的中心点。这一系统好似一面航海罗盘，内部由万向接头固定[6]。它的动力源不是人力，而是风力："如果把这个装置安装在山顶，当风吹过，它便随风飘扬，但人一直能站稳。"在下方那个设计中：驾驶员挂在一张大风筝下，虽然需要地面上的人通过绳索控制它的飞行高度，但驾驶员仍能自主实现各种转向动作。如果我们用振翅飞行器的两分法来分析这两组设计，那么可以说，上方的设计采用中央对称造型，除动力源不同外，其余结构都与飞行战舰无异；下方的设计则是长条形的，提供了灵活性和平衡性，与横卧操纵的那组设计雷同。

下方的那个设计在观念上与我们使用的现代滑翔机十分相似。不过，达·芬奇同时思考着所有因素，特别是风——它既可以成为发动机，但又是一个危险因子。这也是他之后几年着重关注的问题。在追寻更好的飞行模式的过程中，他后来更偏重模仿自然的设计思路，也就是基于振翅运动的飞行器设计。

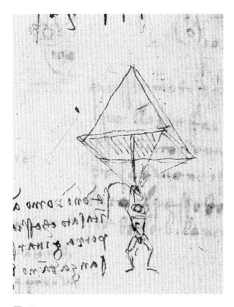

图 47

图 48

图 47—48. 基于达·芬奇素描制作的模型和《降落伞的研究》，约 1485 年（《大西洋古抄本》第 1058 页左部）

---

6. 译者注：因为这台机器的内部结构接近于陀螺仪。

图 49. 基于达·芬奇手稿（《马德里 1 号抄本》第 64 页右部）制造的羽毛状滑翔机模型，现藏于芬奇镇的达·芬奇理想博物馆，由西吉洛（Sigillo）镇政府与伊卡洛计划协会（Accociazione Progetto Insieme e Icaro）在 2000 年共同建造，真实大小，2003 年由安杰罗·达利各（Angelo D'Arrigo）成功进行了风洞实验

图 50. 两张《风力飞行器设计图》，上方：驾驶舱在中央的飞行器；下方：风筝形飞行器，有一根连接地面的绳索，约 1495 年（《马德里 1 号抄本》第 64 页右部）

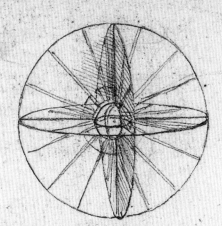

[Text in mirror writing - Leonardo da Vinci's notes]

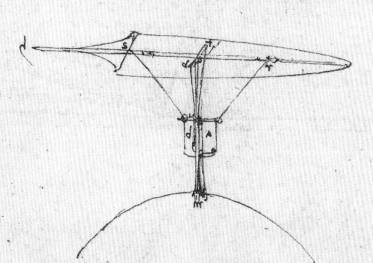

[Text in mirror writing - Leonardo da Vinci's notes]

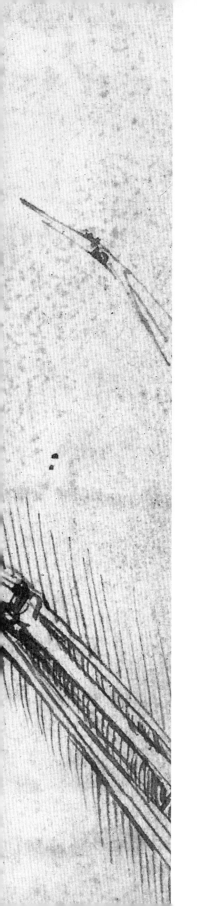

第三章
自然乃一切的根基

◀◀◀ 佛罗伦萨和米兰
约 1500—1508 年

　　1500 年，因为法国的入侵，达·芬奇告别米兰公爵回到佛罗伦萨，并继续钻研他的飞行器研究。那时，他也回到了最初的动物学研究领域，具体地说就是鸟类飞行模式的研究工作。在佛罗伦萨，他对动物世界重新燃起了兴趣，并发展出基于仿生学原则的飞行器设计。因此，设计人造飞行器就与重造自然飞行物画上了等号。在技术层面，如何人工再造自然成为达·芬奇这一阶段试图解决的问题，并且他认为绘画是自然的模拟这种类比法思维是问题的关键。对他而言，反复推敲自然飞行物和人造飞行器之间的相似性，是为了找寻那殊途同归的终极形态——"鸟儿"。

《有助于模仿鸟类飞行平衡性的机械翅膀研究》（《鸟类飞行抄本》第 7 页右部）

最初的自然：鸟类飞行观察

"1505 年 3 月 14 日，我在菲耶索勒（Fiesole）看到一头短尾的鸳鸟，它飞翔在巴尔皮卡（Barbiga）的高空。"达·芬奇在《鸟类飞行抄本》第 17 页左部如此写道。

1505 年，当写下这则笔记时，他早已回到了佛罗伦萨，这是他自 1500 年后第二次重返此地。在那儿，他花了不少时间去观察鸟类飞行的样子，并把观察收获记在笔记本上。《鸟类飞行抄本》就是他在佛罗伦萨的周遭山林里，特别是在菲耶索勒地区（图 1 和图 2）游历时随身携带的笔记本。3 月 14 日那一天，达·芬奇在巴尔皮卡的山区旅行，突然，他被一只短尾鸳鸟（我们俗称猛禽的一种鸟）张开翅膀准备翱翔的姿势吸引住。《鸟类飞行抄本》的另一条笔记告诉我们，菲耶索勒的地貌让达·芬奇决定再次试验自己的飞行器——他想从切切里（Ceceri）山上起飞，这座山因其造型宛如鸟喙上的两颗肉球而得名。达·芬奇计划让一只巨大的帆布木鸟飞越切切里山顶，"一头巨鸟即将展开它的第一次飞行，它将从切切里山的背面一跃而起"。他继续写道："是时，整个宇宙都将回荡着惊愕与它的美名，孕育它的巢穴也将被无限的赞美和荣耀填满。"（《鸟类飞行抄本》，扉页）

在动物世界中探索，于米兰时期的达·芬奇而言是一项次要工作，而在 1500 年后，这再次成为达·芬奇的工作重心。如前文所言，在米兰的最后一段时光里，他的飞行器设计具备完整且综合的特点，他也在那时做出了御风而行的滑翔机设计方案，但这些计划并未给我们指明达·芬奇新的研究方向。就在几年后，他又一次

图 1

图2

图1—2.16 世纪初，达·芬奇在佛罗伦萨的周边山区，主要是菲耶索勒地区，观察和研究鸟类的飞行模式

图 3.《手稿 K1》外观：这份手稿为口袋笔记本大小，达·芬奇常用它来快速记录其在自然界中观察时的发现和感悟

回到佛罗伦萨定居时从事的研究，会让我们发现飞行器研究中的崭新一面。达·芬奇不仅想要借助帆式飞行器的操纵模式来实现机器的平衡性和转向功能，还着手改造、设计适合于振翅飞行器的动力装置。如今，他的研究重心转向更为注重动物学理论。因此在这一时期，他对鸟类飞行模式的观察频率达到了前所未有的高度，以至于填满了三本观察笔记：《手稿 L》（约 1497—1504 年，图 4），《手稿 K1》（约 1503—1507 年，图 3），还有《鸟类飞行抄本》（约 1505 年）。

图 4.《手稿 L》外观：这份手稿为口袋笔记本大小，达·芬奇常用它来快速记录其在自然界中观察时的发现和感悟

《手稿 K1》

《手稿 K1》和《手稿 L》都是口袋型笔记本，它们的长度为 9~10 厘米，宽度在 7 厘米左右。因此，我们认为这两本手稿中的一些笔记和素描应该是当场记录的，特别是那些匆忙画就的图示，如图 5—8 所示的《手稿 K1》中的这些笔记。除此之外，我们应该能确定这些手稿都被达·芬奇用一条垂直线删除了，另外他还在图稿的上方添加了一个"十"字标识。这些符号和删除线似乎是为了说明其中记载的内容已被转写整理成更加系统翔实的文稿，不过那部分稿件却悄然消失了。第 74 页的引文也是一条室外笔记，描述的是一只在菲耶索勒地区起飞的短尾鸳鸟，而记录着这条笔记的《鸟类飞行抄本》比另两本稍大一些，大约长 21 厘米，宽 15 厘米。

事实上，《手稿 K1》所载的笔记不仅有鸟类飞行的观察记录，还包括另外两部分内容：其一是对风力飞行器的平衡性和转向方式的分析；其二是有关"不靠风

图 5—7.《手稿 K1》第 9 页右部、第 7 页右部及第 10 页右部的局部，这本手稿中所有有关鸟类飞行的观察记录都被一根垂直线删除了，这可能意味着这些内容已被转写整理进一份更为完整详细的稿件中

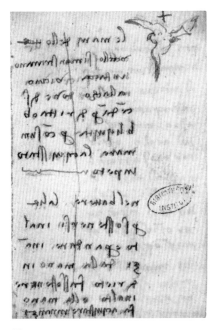

图 5

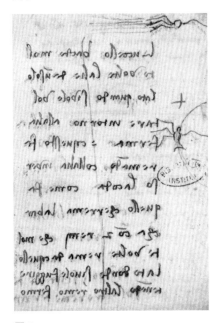

图 6

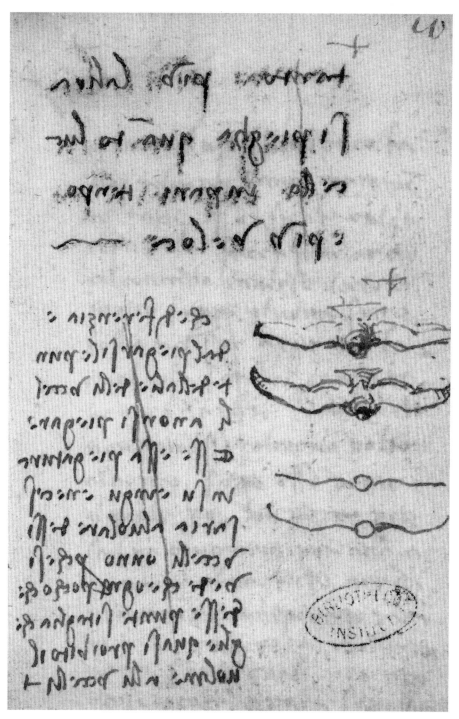

图 7

力"自主飞行的飞行器的振翅运动分析。这两类飞行器设计概念早在 15 世纪 80—90 年代就已成形，但现在达·芬奇想从大自然的造化中学习一点新的东西。

《手稿 K1》中的笔记大体都与自然主义的研究内容有关，还常能在文末得出一条思路清晰的结论。所以，飞行物的飞行模式分类法也诞生于这些研究中，一切飞行物"都能被分为四种类型：第一种是通过振翅运动升空的；第二种是仅靠风力，无须拍打翅膀而滑翔的；第三种是自然的飞行模式，即鸟儿、蝙蝠、飞鱼等动物和昆虫的飞行模式；最后一种是综合式飞行模式"（《手稿 K1》，第 3 页右部）。

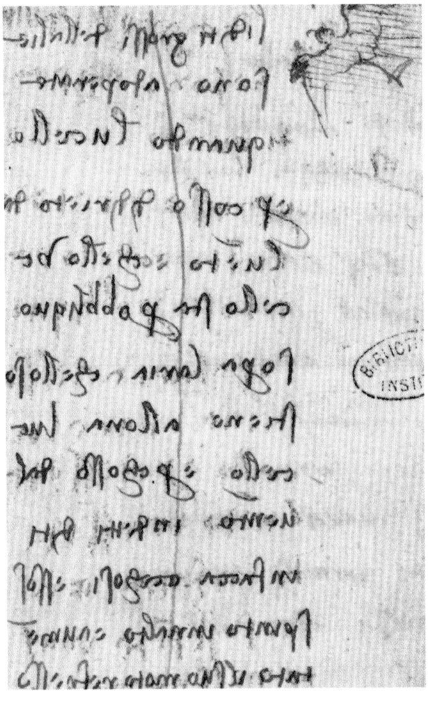

《手稿 K1》，包括《鸟类飞行抄本》，都是从末页开始书写的笔记本。第 3 页右部，即上面的引文，其实出自自然飞行物研究稿件的最后几页中的结论部分，而这项研究是从第 14 页右部开始的。达·芬奇期望达成的研究成果，正如他自己确认的那样，是要在自然飞行物的研究中，找到"振翅飞行模式"和"风力飞行模式"的综合体。自然主义和理论研究的综合成果，接下来就将与飞行器的应用技术融为一体（"综合式飞行模式"）。这种双重研究法——把鸟类飞行模式的研究成果应用于两种人造飞行器的设计方案中——的其中一部分完成于《鸟类飞行抄本》，因此我们认为这部抄本的内容要比《手稿K1》更晚成形。

图 8.《手稿 K1》第 6 页右部局部，这本手稿中所有有关鸟类飞行的观察记录都被一根垂直线删除了，这可能意味着这些内容已被转写整理进一份更为完整详细的稿件中

《鸟类飞行抄本》

同达·芬奇的所有作品一样，《鸟类飞行抄本》也是按一定顺序写成的，并且可分为两个部分：第一部分（即页码较大的一组）主要关注振翅飞行器；第二部分（即页码较小的一组）则主要涉及风力飞行器。这两部分的笔记都包含了不少鸟类的飞行模式相关研究内容，随后紧接一组对应的飞行器设计方案。这些设计方案探索了在人造飞行器中重现鸟类自然飞行模式的方法。这种书写模式证明了相比于米兰时期，达·芬奇现在更为注重人造飞行

器设计中的"仿生学"原理。正如他所设想的那样：观察自然是为了重造自然，绘画亦然。飞行器研究并非为了简单制造一架可以成功飞翔的机器，还需要让这台机器从功能和造型上，都能重现与自然界的鸟儿一模一样的飞翔姿态。从这个角度看，现代飞行器的飞行模式一定会让达·芬奇倍感失望。那静止的机翼和机身，以及作为动力源的发动机——这种飞行模式从动态力学角度看，完全与鸟类的飞行模式和飞行姿态背道而驰。然而，值得注意的是，虽然达·芬奇继续处理着"动力"问题（振翅飞行器）和"转向"问题（帆式飞行器），但如前文所言，在这两个领域中，他并没有找到将其合二为一的方法。

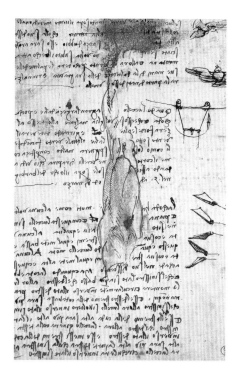

图 9.《鸟类飞行抄本》第 17 页左部：在第 18 页右部，达·芬奇研究了鸟类的振翅模式，并在第 16 页左部和第 17 页右部的飞行器翅膀设计中模仿了这种模式。此类尝试为人造飞行器通过振翅运动升空提供了可能性

图 10

图 10—11.《鸟类飞行抄本》第 18 页右部，第 16 页左部和第 17 页右部：在第 18 页右部，达·
芬奇研究了鸟类的振翅模式，并在第 16 页左部和第 17 页右部的飞行器翅膀设计中模仿了这种模
式。此类尝试为人造飞行器通过振翅运动升空提供了可能性

《鸟类飞行抄本》的第一部分：
振翅飞行器

有关振翅飞行器的思考，主要出现在抄本的最初几页里（从页码上看，其实是最后那几页，原因已述），即图9—11，对应着第16页左部到第18页右部的内容。在这一部分，达·芬奇首先仔细观察、分析了鸟类振翅运动的具体方式，这是在没有风力帮助的情况下必要的飞行技能（第18页右部右上方的两则图示及旁边的注释）。具体地说，鸟类飞行的第一步就是用翅掌，如游泳时人的手掌，先往下后方拍击，这时整个翅膀都朝着气流正面击打，以此获得向前的动力和持续的升力。接着翅膀张开，与飞行方向保持水平，减少前进时的空气阻力。然后，大臂带动小臂，翅膀迅速向上收起，准备下一次扑翼。[1]在这个间隙，理论上鸟会坠下，但是因为它的身体及其与翅膀的连接处仍与气流成一定倾角，而非平行于气流，因此获得了一些升力。鸟类通过这种模式，使下方空气压缩成圆形轴承状的气流（即"楔效应"[2]），借此获得飞行、滑翔的能力，同时拍打翅膀造成的压强差及其扰乱气流的功能也帮助鸟类遨游长空。

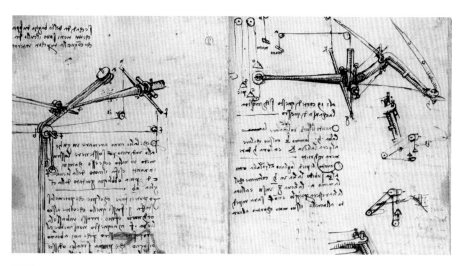

图11

---

1. 译者注：这里的气流指上升气流。通过拍打气流的正面来获得升力。同时当翅膀收起，即平行于气流时，减少前进时的空气阻力。
2. 楔效应：流体力学术语，指流体在流入楔形间隙时能产生压力的一种物理效应。

弗洛伊德和达·芬奇的童年回忆

19世纪末20世纪初,人们对达·芬奇作品的研究兴趣越发高涨。因此在1893年,《鸟类飞行抄本》得以印刷出版。并且在20世纪最初的几年里,历史学家梅列日科夫斯基(Merezhkovskij)完成并出版了那部著名的达·芬奇生平论稿。这些材料让精神分析学之父西格蒙德·弗洛伊德(Sigmund Freud)对达·芬奇其人产生了浓厚的研究兴趣。1910年,一篇印刷发行的小文章——《达·芬奇的童年回忆》,不仅在精神分析学界闻名遐迩,还对研究达·芬奇有非凡意义。这篇文章把达·芬奇写在飞行器手稿边缘的一则笔记作为研究重心。就在达·芬奇进行鸟类观察、探究自然奥秘时,他的大脑不知受到何种刺激,将一个与童年有关的梦境记录了下来:他躺在摇篮里,却被一只秃鹫越提越高,那尾巴还不停拍打摇篮的开口(具体过程见第113页)。

弗洛伊德想要通过这则笔记来重建达·芬奇的心理面貌、研究动力还有他的情感世界。这篇文章的研究对象首先是达·芬奇其人,然后才是他的艺术杰作。现在,弗洛伊德要在古人身上做文章,因此他不能用通常对婴儿实施的精神分析法来分析达·芬奇。弗洛伊德的这项研究是一场实验,他试图凭借达·芬奇的遗产——文字作品(任何形式的文稿)和艺术作品——来剖析一位四个世纪前的人物。

在达·芬奇的文字作品中,这段关于童年回忆的记录最引人注目,而童年分析又是精神分析学的重点切入口。事实上,达·芬奇记录的这件事几乎就是弗洛伊德手中紧握的关键钥匙,他以此来解释达·芬奇各种性格特质的成因,如在科学和

图12

图12—13. 弗洛伊德(图12)认为作品《圣母子与圣安娜》(图13,藏于巴黎的卢浮宫)中展现出达·芬奇与其生母和继母的关系令他痛苦难忍(圣母披的披风形如一只秃鹫)。图13下方则为达·芬奇关于童年回忆的一则笔记,弗洛伊德正以此来构建自己的理论框架

图 13

艺术创作中半途而废的性格，长年的不满情绪以及在创作作品时优柔寡断不敢落下最后一笔的特质。

弗洛伊德以这条笔记为基础，推出达·芬奇的同性恋倾向，并在进一步的研究中揭示出达·芬奇出生后的最初时光，他只和自己的生母生活，后来才被生父和继母接受。我们在很多作品中都能发现达·芬奇生母和继母形象的暧昧不清，比如收藏在卢浮宫中的作品《圣母子与圣安娜》中，圣母玛利亚的披风就形如故事中的秃鹫造型，而秃鹫的尾巴又恰好对着孩童的脸。[3]

《鸟类飞行抄本》第16页左部和第17页右部（图11）记录的内容，就是以此为蓝本设计的飞行器方案。这是一种将鸟类自然运动模式直接进行机械化复制的设计方案。

在第17页右部，达·芬奇描绘了一张左翼机械翅膀的后视图。在这个方案里，翅膀被连接在一个活动滑轮上，同时还与两个脚踏板相连，驾驶员通过对踏板施力让翅膀做下降或上抬动作。并且置于上方的两个手柄也通过滑轮和正交于翅膀的横

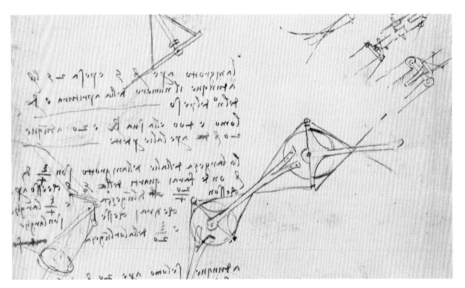

图14

图14—16.《大西洋古抄本》第843页右部（约1503—1505年，局部），《鸟类飞行抄本》第16页右部（局部），《大西洋古抄本》第825页右部（约1503—1505年，局部），这是一个针对驾驶员四肢浮肿的营救系统，是缠在驾驶员腿上的。在图15这页手稿上，达·芬奇同时关注鸟和人的动态力学的比较研究，这在后来的《大西洋古抄本》第843页右部（图14）和第825页右部（图16）中得到发展，后者被称为"anigrotto"（可能是鹅或鹈鹕）

---

3. 译注：蓝色披风的左侧为秃鹫的头部，披在圣母大腿上的一部分为翅膀，披在圣母手上的一部分为尾巴。

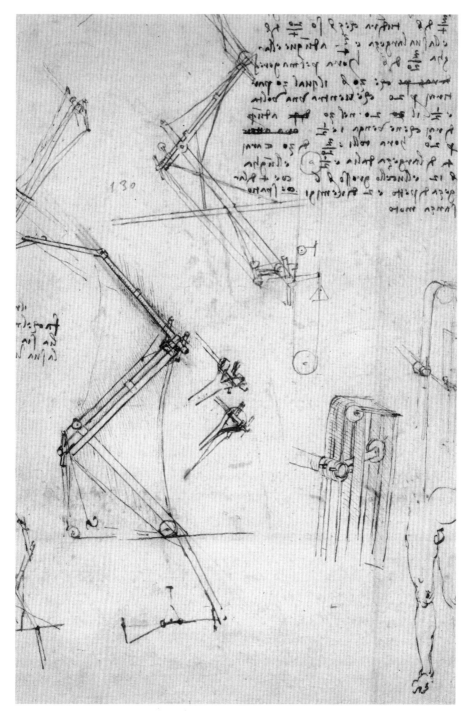

图 15

图16

杆相连，驾驶员因此可以操纵这两个手柄做出转动翅膀方向的动作，即在下拍翅膀时，将其调整到面对气流的位置，而在上抬翅膀时，将其归于平行于气流的位置。这类翅膀的机械化运动，同鸟儿在无风力帮助下的振翅动作如出一辙。

在《鸟类飞行抄本》第17页右部上的计划中，机械翅膀被安置在驾驶员的左右两侧，并与其身高一致。但在第16页左部的计划就有所不同。这里的两个滑轮一上一下，高处的滑轮连接着翅膀，低处的则与脚踏板相连。斜放的轮子把驾驶员的施力从下方滑轮引到上方滑轮处，同时驱动翅膀做扑翼运动。而两套关联的锁链－绳索－滑轮系统，则让驾驶员对手柄的施力能同时传递到两张翅膀上。这套系统与《鸟类飞行抄本》第17页右部的

类似，也提供了翅膀向水平或垂直于气流方向转动的能力。这种转动是飞行器在无风力帮助下的关键性操作。

与上述两项设计相同，大约在1505年，达·芬奇还做了另一项仅以人力驱动的飞行器设计方案。虽然动力系统与之前在米兰完成的飞行战舰一样，但两者之间的显著区别在于，达·芬奇现在的关注重点不再是人体的静态力和所能产生的动态力，而是借助动物的"力量"。面对人体这一动力源，飞行器的机械翅膀就必须同鸟儿的翅膀一模一样。《大西洋古抄本》第1030页右部（图17）的一则笔记告诉我们，他曾思考过是否永远无法做出人力飞行器，这是因为他意识到人与鸟的解剖学区别使得鸟有能力通过拍打翅膀飞翔，而人不能。事实上，人和鸟完全不一样，

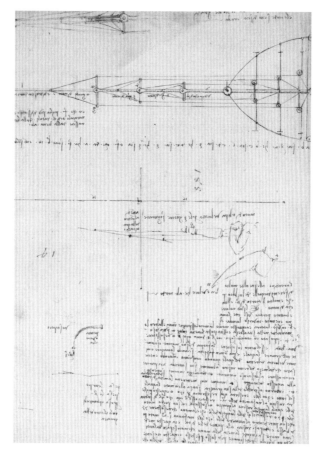

图 17.《机械翅膀研究》，对比了人体和燕子的动作，约 1505 年（《大西洋古抄本》第 1030 页右部）

鸟类拥有强劲的胸肌，只有这个才能让翅膀快速扑动；鸟类还有一块独一无二的固定胸骨，以及由肌肉与韧带编织起来的坚实羽翼。达·芬奇自问自答，通常鸟类仅需花费一点点力气就能在高空翱翔，并保持平衡，而它们只有在躲避天敌，追踪和捕捉猎物时才会用尽全身力气；那么，保持振翅运动所需的力，应该也能从人类身上获得。

在这一飞行器研究的新思路中，人体不再是研究重心，关注点转移到鸟类和它们的生理构造上来。上述设计，以及《大西洋古抄本》上的一些同期手稿（第 843 页右部，第 825 页右部和第 1030 页右部；图 14，图 16 和图 17）可以证明这点。这些手稿告诉我们，还应该通过研究飞禽，如 "anigrotto"（可能是鹅或者鹈鹕），来求得载人飞行时所需的翅膀尺寸。

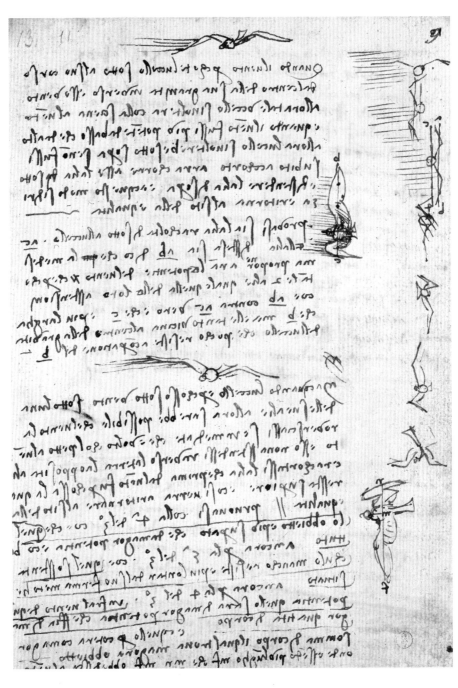

图 18. 这是第一张解释了鸟类如何在风中保持平衡，如何将这一原理应用在帆式飞行器中的手稿
（《鸟类飞行抄本》第 9 页右部）

图 19.《鸟儿在直面气流时如何保持平衡的问题研究》（《鸟类飞行抄本》第 8 页左部）

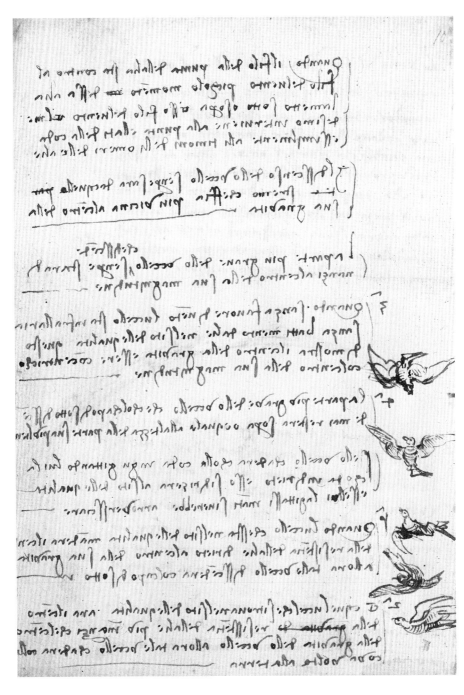

图 20.《鸟儿在直面气流时如何保持平衡的问题研究》（《鸟类飞行抄本》第 7 页左部）

《鸟类飞行抄本》的第二部分：
帆式飞行器的平衡性

当抄本的编码越来越小（即第二部分研究），达·芬奇就越关注另一个问题。从手稿第9页右部开始，讨论的便是风力飞行物的平衡问题，涉及人造飞行器和鸟类滑翔两个领域。在这类飞行模式中，当风力作为主要动力源后，驾驶员的工作就只有维持机器平衡、改变航向，以及处理狂风来袭等特殊情况。

手稿第9页右部的全部内容都在分析鸟类被侧风吹翻后，如何回到水平方位及平衡姿势的问题。鸟类通过伸展或弯曲一边的翅膀，顺势借助风力，如海船丢弃一边配重或增减天平单边秤杆长度一样，回到平衡状态。在后续的几页中，即图19，图20和图27（第8页左部，第7页左部和第8页右部），达·芬奇进一步分析了鸟类在飞行中的平衡性和转向问题，他发现这些飞行动作得益于尾巴和小翼羽（即翅膀前臂与后臂连接处的几根硬质羽毛）的帮助。

作为这类问题，即被侧风吹翻后鸟类如何回到平衡姿态的问题的总结，他还设计了一些机械装置（手稿第7页右部和第6页左部，图22和图23）来探索如何模仿这种自然飞行动作。这项计划的中心不再是振翅机械结构，而是屈曲与伸展翅膀的机械学原理：如果说这类动作皆风力所致，那么在考虑飞行器转向和平

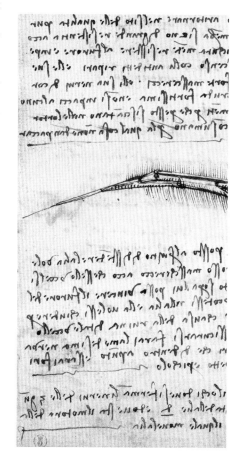

图21.《鸟类飞行抄本》局部

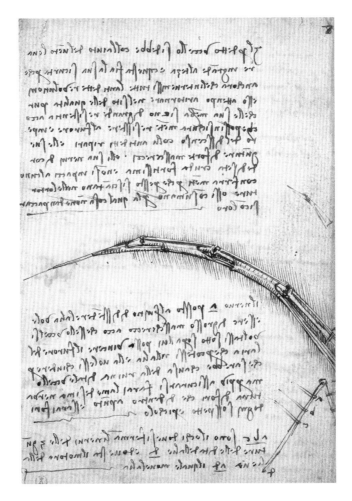

图22.《鸟类飞行抄本》第7页右部——《有助于模仿鸟类飞行平衡性的机械翅膀研究》，这些手稿参考了之前的研究（见图19，图20和图27）

衡性问题时，也应借力于"大气之怒"（手稿第7页右部）对飞行器造成的危险"侧翻"（手稿第6页左部）。驾驶员可以通过提拉绳索控制活动翅膀的伸展与屈曲，从而改变面向侧风的翅膀大小。

　　这类转向装置的适用条件是机器必须

飞在高空，因为需要足够的空间和时间来调整其回到平衡状态，而非直接撞向地面："前面说的那鸟儿，想必凭借着风力遨游高空，高空确保它能自由飞翔。"（手稿第7页右部）

《鸟类飞行抄本》的第三部分：静力学原则

没有任何迹象表明达·芬奇试图在《鸟类飞行抄本》中把帆式飞行器和振翅飞行器设计结合起来。

抄本的最后一章（第4页右部到第1页右部，图24和图25）处理了一些静力学问题，像是前述飞行器研究的附录部分。事实上，这一部分内容，除了对自然飞行物的观察记录外，还广泛涉及了静力学理论。这一章中的多数内容都基于纯粹的理论视角，将静力学原理应用至前文所述的自然飞行物研究和人造飞行器设计中。例如，他对重心概念的阐释，或对倾斜状态下的人体静力学分析。

值得关注的是，在这一时期，达·芬奇的静力学和动态力学知识并非形成于先验认知。他的飞行器设计几乎都是动态力学定理的现实图示，并且他很好地平衡了机械学理论、自然飞行物研究和机械设计实践这些研究领域，而飞行器的造型和功能则主要基于对自然飞行物的研究，并且静力学和动态力学原理也都贯穿其间。

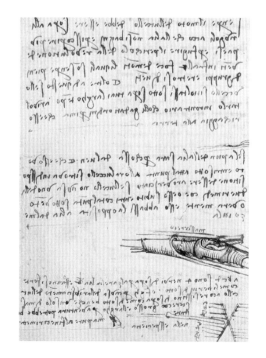

图23.《鸟类飞行抄本》第6页左部——《有助于模仿鸟类飞行平衡性的机械翅膀研究》，这些手稿参考了之前的研究（见图19，图20和图27）

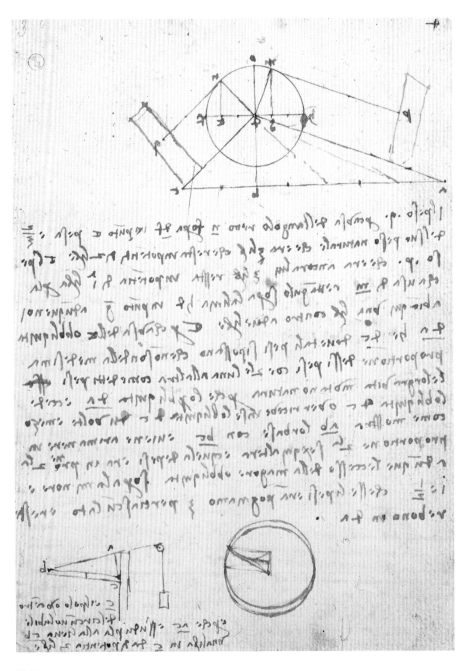

图24

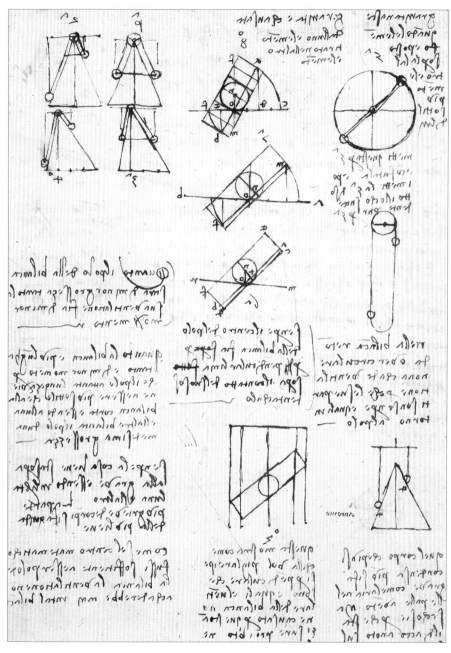

图 25

图 24—25.《鸟类飞行抄本》第 4 页右部及相邻的第 1 页右部：《静力学研究与其在自然、人造飞行物中的应用》

实践与理论的合流：
飞行器是对自然本源的模仿

我们已经证实机械学研究领域中的飞行器设计同绘画一样，都是对自然的模仿和模拟，因此达·芬奇极力追寻的，其实是重建一种由自然界创造的能遨游长空的活物。相较于绘画，飞行器研究是更深层次的模仿。他想在真实空间中，按照自然规律重塑出自然的造化，因此飞行器模仿的不仅是造型，还包括鸟类的飞行功能。

1500 年后，达·芬奇重拾鸟类飞行研究（这些笔记现藏于都灵的皇家图书馆）。这一时期，如我们查证的那样，他在《鸟类飞行抄本》中通常用"鸟儿"来形容飞行器，并且达·芬奇从未如此完美地将认知与实践结合在一起。现在，从自

然观察中开展的逆向研究和技术层面的复制模仿真正且具体地重合了起来。

他做笔记时，有时会把鸟类观察研究和对自然界动物的人工重造研究混为一谈。这意味着达·芬奇研究的另一个飞跃，我们却很少关注这点。举例来说，在《鸟类飞行抄本》的后半部，即专门研究鸟类飞行的平衡性问题的章节（第 9 页右部，第 8 页左部和第 7 页左部）中，很多笔记都用第三人称书写，与鸟儿相对（如这一句："当鸟儿飞在风的上方，它转动自己的喙。"第 8 页左部）。虽然第 8 页右部（图27）同样涉及这一内容，也画有一组鸟类在飞行中调整平衡的素描，但笔记却都用了第二人称，这几乎像是达·芬奇对自己或对飞行器驾驶员的命令："如果翅膀和尾巴高于风，那你就把翅膀往下降一半的高度。"

在抄本包含的飞行器设计图和相关笔

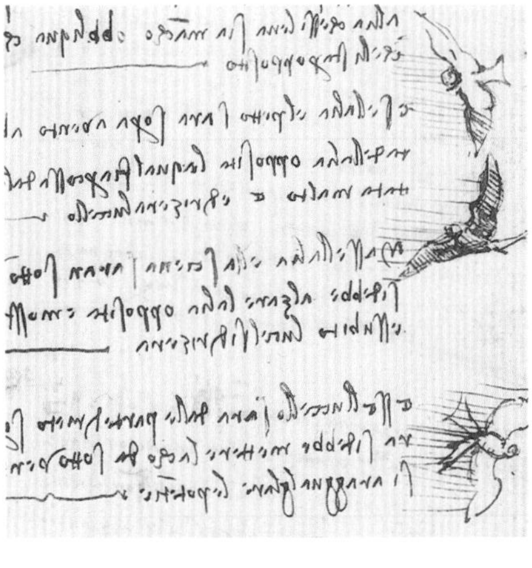

图 26

图 26—27.《鸟类飞行平衡性问题研究》，局部和整体（《鸟类飞行抄本》第 8 页右部），达·芬奇在素描中把人造飞行器和自然飞行物的造型结合了起来

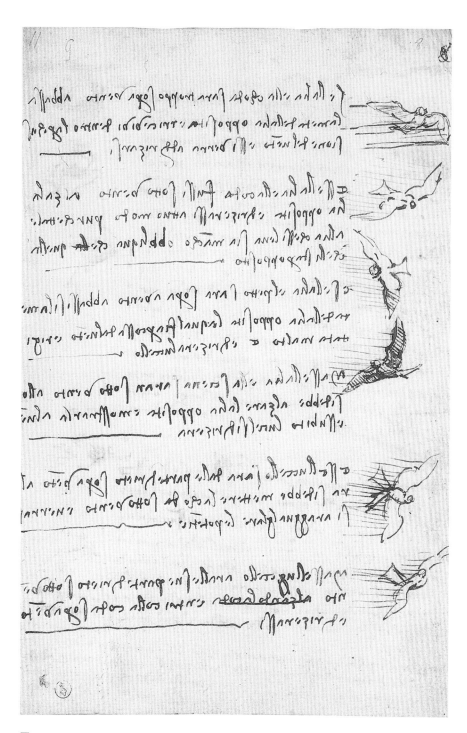

图 27

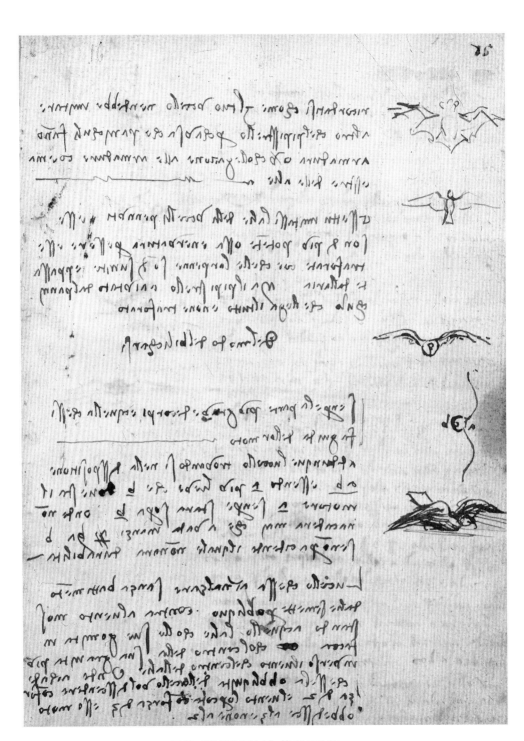

图 28.《鸟类飞行抄本》第 15 页右部

图 29.《鸟类飞行抄本》第 12 页左部

图 30.《鸟类飞行抄本》第 12 页左部的局部

记中，达·芬奇重申了他之前总结过的"原理"和规则："除此之外，如果鸟儿一会儿飞高一会儿飞低，那在它撞击地面前，你还有不少时间用我说过的方法来反向调整身子。"而《鸟类飞行抄本》第8页右部的那组素描（图27）中至少有一幅所画的鸟儿外形具有人的特点。这种观念、视觉层面的"比喻"，在该手稿第15页右部（图28）也能找到例证。除了页面上方两个和最末一个绝对是自然飞行物外，中间两幅飞行平衡性的观察草图似乎也适用于飞行器——翅膀下的大圆套着小圆，这一模式既像鸟头和鸟身的图示化表现，也像是对驾驶舱和飞行员的描绘。相似的素描还出现在此手稿第12页左部（图29）上，而这却是一页飞行器研究笔记。

此手稿第12页左部的另一幅素描（图30），图示化地表现出驾驶员及其两侧的翅膀。这幅素描被一组线段覆盖，达·芬奇可能想以此表现因受力过大而毁坏的飞行器。

在讨论机械结构时，主要在翅膀研究中，达·芬奇也出现了混淆鸟类观察和机器模仿的情况。达·芬奇除了称自己的飞行器为"鸟儿"，他为飞行器各结构命名时也使用了解剖术语：操纵翅膀的横杆叫作"神经"（见手稿第6页左部），翅膀边缘的结构则叫作"手指"（见手稿第7页右部）。

鸟类飞行观察笔记旁出现的鸟类翅膀解剖结构研究，也揭示出达·芬奇对自然界的高度关注，这无疑是这一时期的人造飞行器研究的重要特点。并且，我们还发现，正是对翅膀解剖学的关注，最终使自然和机械的翅膀真正地合二为一。

我们看到在《大西洋古抄本》第854页右部下方的素描（图31）中描绘出了一对机械翅膀，但又像处理鸟类翅膀那样，用拆分、解剖的方式异常清晰地呈现出了它的机械结构。可以肯定的是，达·芬奇在设计这对机械翅膀及另两幅素描时，如《鸟类飞行抄本》中的措辞一样，全都参照了自然的翅膀结构，甚至翅膀中的骨质部分还被分成一段段关节。

相比于15世纪80—90年代在飞行器设计中反复出现的伸缩翅膀及其复杂多变的支架系统，在这一时期的设计方案中，当驾驶员操纵翅膀时，"机械介入"的程度明显降低了，这得益于更简单易用并切实有效的滑轮操作系统。同时在视觉效果上，机械翅膀的构造更接近于现实中的鸟类翅膀。总而言之，达·芬奇对自己梦想的通过模拟自然创造出的飞行器充满信心，不论是振翅飞行器还是滑翔机，都应

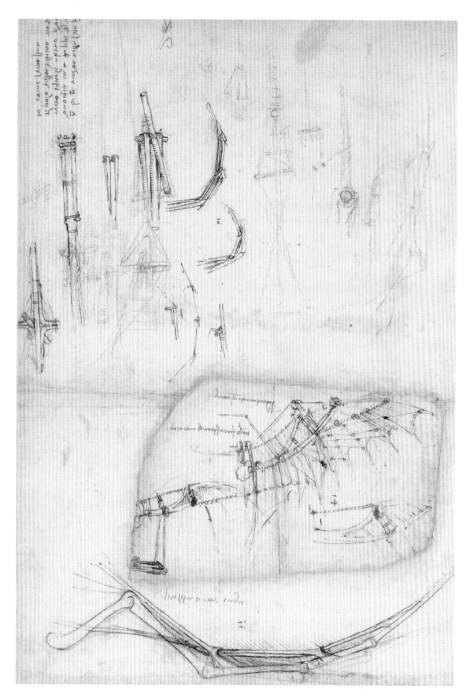

图 31.《大西洋古抄本》第 854 页右部下方的素描，约 1505 年，此图应该是机械翅膀研究，但与自然翅膀造型非常相似，其骨质造型和分段结构让我们疑惑不解（中间放置的碎片是早期飞行器研究手稿，约 1485—1490 年）

遵循曾被忽视的自然法则。

师法自然的思维模式是达·芬奇在思想上的整体转变。失传的杰作《安吉亚里之战》（约1503—1506年，图35）正是与《鸟类飞行抄本》同时创作的。在准备创作《安吉亚里之战》时，达·芬奇曾做了大量解剖学和心理学研究，但研究对象并不局限于人体。事实上，早在几年前他便投身于更广阔的研究领域，探索广义上的动物，这就是"动物学"（de animalibus）和比较解剖学研究。这些学科认为，在人类和动物之间，同时存在心理层面和解剖层面的相似性。另外，《鸟类飞行抄本》也涉及了比较心理学的研究内容。

关注鸟类飞行平衡性问题，严谨地说就是在研究鸟类的"智力"，达·芬奇认识到，鸟类具有控制自身平衡的本能。本能即固有的能力，所以他将其定义为飞禽的"灵魂"。如此一来，同其他研究领域一样，飞行器设计就变得更为综合且复杂，

更涉及躯体和灵魂之间的相互作用这一心理学研究内容。达·芬奇在这一研究中继承并发展了自然哲学界的学术传统。

在"绘画的模仿"中，达·芬奇面对的一个基本问题是对"灵魂"的模仿，也就是说在人物和动物的造型、体态及运动中表现出画中人的思想、情感和意识。同理，在处理"技术的模仿"时，达·芬奇也需面对灵魂问题："鸟儿（译者注：指飞行器）是基于数学法则运行的工具，全凭人力驱动，驾驶员使尽浑身气力让它活动，但这不是所有的力量，他仅仅提供了驱动力。因此，我说这种人力机器缺乏鸟儿的灵魂，而这灵魂需要用人类灵魂伪装出来。"（《大西洋古抄本》第343页右部）

之后的几年，达·芬奇不断探索分段式翅膀的设计方案，最终形成了一种更肖似真实的机械翅膀设计模式。除上述例证外，后来在《大西洋古抄本》第934页上创作的设计图（约1505—1506年，图36）是这项研究中较为成熟的一例。

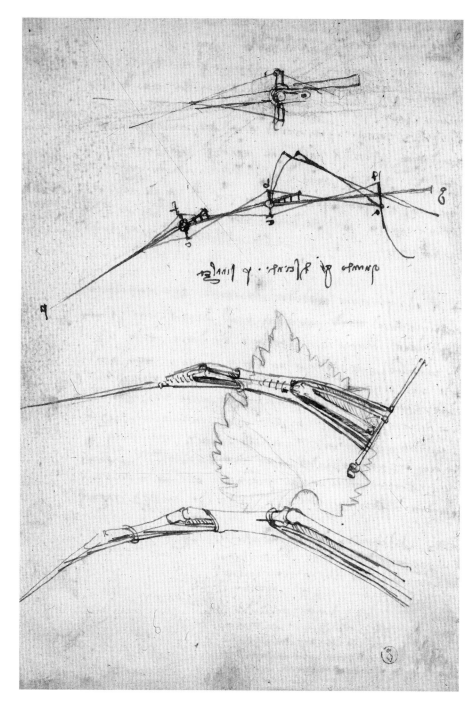

图 32.《机械翅膀研究》，页面下方素描表现出和自然翅膀极为相似的骨骼关节结构（《鸟类飞行抄本》第 11 页左部）

奎耶勒莫·利布理和《鸟类飞行抄本》失窃事件

同达·芬奇的众多手稿一样，《鸟类飞行抄本》也被拿破仑运至巴黎。

《鸟类飞行抄本》原来是达·芬奇另一部累牍连篇的手抄本——《手稿B》中的一部分，因此这算作第一次手稿失窃事件。后来在19世纪的巴黎，达·芬奇抄本吸引了众多学者的关注，其中之一便是臭名昭著的科学家、数学家、科学史家奎耶勒莫·利布理（Guglielmo Libri）。总而言之，他轻而易举地得到了自由进出保存达·芬奇珍贵藏品的收藏室的机会。不过他并未满足于此，他后来拿走了《手稿A》和《手稿B》中的几页以及整本《鸟类飞行抄本》，让这本手稿不见踪影。

现存一种有关盗窃方式的假设：他想剪下这些手稿，又怕遭人怀疑，因此将一根浸泡过盐酸的绳子做成书签的样子，放在书里，然后到了晚上，或者几天后，页面受到腐蚀，这样就方便带出，而不需用小刀或者其他会增加风险的工具。

每次带走几页后，利布理找到最好的销售模式，把从《手稿A》和《手稿B》上带走的散页整理到一套档案里售卖，又把整部《鸟类飞行抄本》拆成散页售卖。如此一来，他就能掩饰这些东西的非法来源了。

销售《鸟类飞行抄本》上的散页最开始用这种模式时，有5张被卖到了伦敦，被藏书家查尔斯·菲尔法克斯·穆雷（Charles Fairfax Murray）收入囊中，后来易手到热那亚，成为亨利·法提奥（Herny Fatio）的收藏。另外13张手稿经不同渠

图 33.《鸟类飞行抄本》第 15 页左部（左图）和达·芬奇的其他手稿一起被拿破仑运到巴黎，并保存在法兰西学院（右图）。19 世纪时，其被奎耶勒莫·利布理盗走，不久后便被追回，但因各种缘由，最终保存在都灵的皇家图书馆

图 34. 安格尔画的拿破仑肖像

图35.《安吉亚里之战》草图，约 1505—1506 年，现藏于威尼斯的学院美术馆（第 215A 号手稿散页）

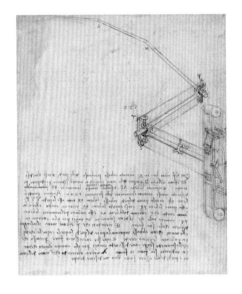

图36.《机械翅膀研究》，约 1505—1506 年（《大西洋古抄本》第 934 页右部）

道落入泰奥多罗·萨巴科尼科夫（Teodoro Sabachnikff）手中。虽然不完整，但这人还是出版了一本手稿印刷版（1893 年出版）。

不久之后，在 1920 年，多亏皇家达·芬奇研究会（Reale Commissione Vinciana）和恩里克·卡鲁西（Enrico Carusi）的行动，意大利才能追回这些遗失的手稿，使得《鸟类飞行抄本》得以复原，如今收藏在都灵的皇家图书馆。

达·芬奇跨出了重建自然飞行物的最后一步。现在他要解决的重点问题就是意识，而要完美模拟出自然事物的灵魂还存在许多局限，正如他在《论绘画》里讨论绘画模拟论时表现出的那种窘迫："在绘画的模仿中，万事俱备，只欠灵魂。"（约 1500—1505 年，第 15 节）

达·芬奇放置在他依自然法则所建造的"飞禽"里的驾驶员，就好比鸟类的"灵魂"。但驾驶员在达·芬奇的设计方案中并不是掌控一切的主角，也不是这个神秘莫测的发明的受益人，仅仅是整台飞行器的必要单元，或是稍具"精神性的"元素。

在他第一次定居米兰的时候，也就是在早期飞行器研究中，灵魂－驾驶员仅仅提供动力，通过肌肉的力量驱动飞行器。后来，为了给飞行器注入动物的智慧，他进行了"动物学的"解剖探索，在重点关注的帆式飞行器中，灵魂－驾驶员变成了能在气流中使飞行器保持平衡、转向的工具："鸟儿周身各部分的灵魂无可争议地服从于唯一的意识，那个人类灵魂与之紧密结合的意识，并能最大程度地在无意识的平衡调整中，做出大量有意义的动作变化，正如鸟儿一般。我们同样能凭借这种经验修正从人类意识中涌现的感性力量，并尽可能地与机器合二为一，最终它将被赋予灵魂和领航力。"（《大西洋古抄本》第 434 页右部）

正因为灵魂－驾驶员在操控飞行器活动时所施的力轻盈多变，飞行器才能在技术层面保持平衡，所以想要在绘画中表现灵魂，也必须画出那些转瞬即逝又无意识的动作。因此他想在绘画中模拟"灵魂"的愿望，已经在用技术模拟"灵魂"的尝试中找到了对应的副本。

因此我们说，在 15 世纪 90 年代，达·芬奇对人体动态力学的研究寄予厚望，而后来他的飞行器设计则聚焦有关人类和动物的解剖结构与解剖功能的研究，甚至是心理学研究。对自然界的深入探索让他相

图 37.《安吉亚里之战》草图的佚名副本《多利亚画稿》（*Tavola Doria*）

图 38.《人类和动物（马和狮子）表情的比较研究》，约 1504—1506 年（《温莎手稿》第 12326 页右部）

信，在模拟鸟儿甚至是模拟鸟类"灵魂"的实践中，重中之重也许是在应对狂风时能做出适当的本能反应。达·芬奇野心勃勃，但危机的种子却已种下。在完成鸟类飞行研究后，他对飞行器设计的最后一环——那不可捉摸却能在狂风中调整身姿的本能力量——尚存疑虑，这种担忧渐渐发酵，并在理论的根基处动摇着他的信念：人类是否有能力真正模拟出自然的鸟儿。

图 39.《人与马的腿部比较解剖学研究》，约 1506—1508 年（《温莎手稿》第 12625 页）

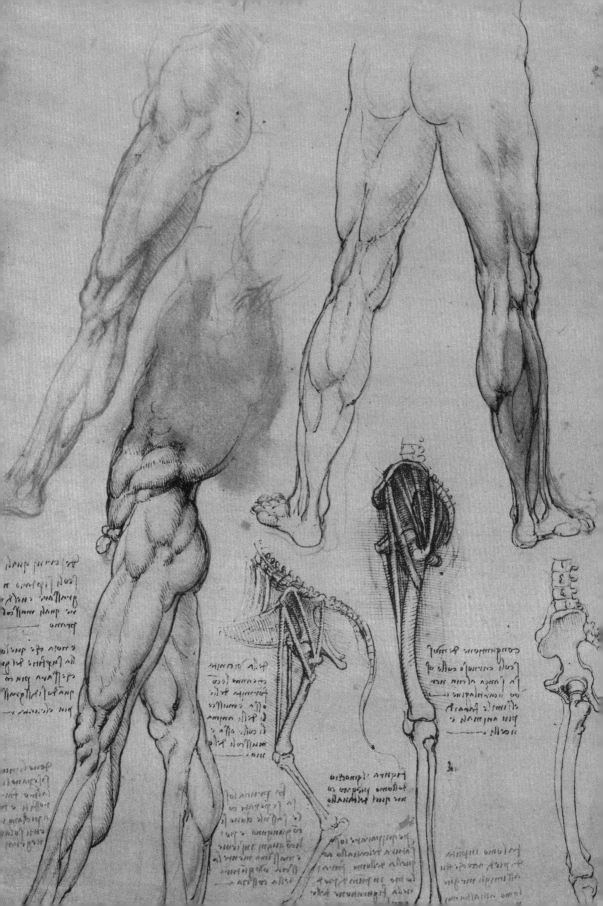

《大西洋古抄本》上的飞行器研究

《大西洋古抄本》上并无关联的几页手稿，其实都涉及了一些类似《鸟类飞行抄本》的笔记。我们认为这些散页和涉及的笔记是在同一时期（约1503—1505年）完成的。

其中之一是《大西洋古抄本》第357页右部。正面的内容并非达·芬奇的个人研究，但标示出一组时间地点："佛罗伦萨，1503年4月。"背面右下角则画了一张驾驶员站在飞行器中的草图，这一草图和旁边的笔记都与《鸟类飞行抄本》第5页右部的内容相关。这面末尾还有一条笔记讨论了飞行器的平衡问题："当一人站在鸟儿中央，比中心点稍高的地方就是重心。"

另一幅图示化地展现了飞行器中驾驶员的草图，也是同一时期的作品，与《手稿L》中的草图（第59页右部）类似，并且下方还画了一个方向盘的草图。页面上方绘制的椭圆轨道（《大西洋古抄本》第357页右部）也与飞行器有关，相似的示意图还能在《手稿K1》和《大西洋古抄本》第186页左部找到，因此这也是与《手稿K1》和《鸟类飞行抄本》同时期的作品。回到《大西洋古抄本》第357页右部，探讨平衡性的静力学研究（这页的其余内容）也是《鸟类飞行抄本》中与飞行器主题有关的一项研究，达·芬奇还在这页右上方写下了一段扑朔迷离的笔记，其中一条的题目是《从巢穴和身体中迸发的爆炸》，

图40

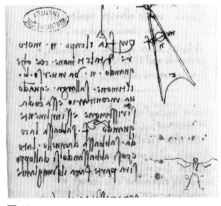

图41

图40—41.《大西洋古抄本》第357页右部（图40）和《手稿L》第59页右部（图41），局部——《飞行器内驾驶员位置草图》

他继续写道："它从地底一跃而出,咆哮又惊恐地呼喊着,击晕周围的人,又用它的吐息屠杀人类、毁灭城镇与城堡。"这条预言式的笔记让我们想起《鸟类飞行抄本》中相似的内容:"一头巨鸟即将展开它第一次的飞行。"

《大西洋古抄本》第202b页右部也是和《鸟类飞行抄本》同时完成的手稿,在正面我们能找到一条对《安吉亚里之战》的著名阐述,那时达·芬奇在佛罗伦萨正准备做收尾工作。然后,在中下方位置,我们还能看见一些和《鸟类飞行抄本》第11页左部及第7页右部相近的素描(图32和图

22)。

最后,手稿第186页包含的一则笔记,特别是从图像层面(尤其是第186页右部),以及之前说过的椭圆轨道看,都能让我们联想到《鸟类飞行抄本》的内容。另外弗洛伊德研究的那条有关童年回忆的著名笔记也出自这页:"那只秃鹫的样子就如亲眼所见,似乎是我命中注定要遇见的。我第一次记录童年之梦时,我说自己无比恐惧地躺在摇篮里,那秃鹫转向我,对我张开大嘴,而嘴中伸出的一条尾巴反复拍打我的身体。"(《大西洋古抄本》第186页右部)

图42

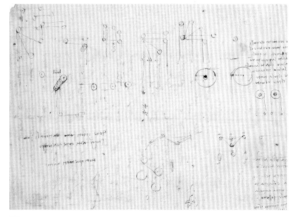
图43

图42.《大西洋古抄本》第186页右部(左下):《大西洋古抄本》上其他有关飞行器的研究。此页正面有弗洛伊德参考的达·芬奇童年笔记

图43.《大西洋古抄本》第202b页右部(正下):《大西洋古抄本》上其他有关飞行器的研究。此页正面有达·芬奇对《安吉亚里之战》的评述

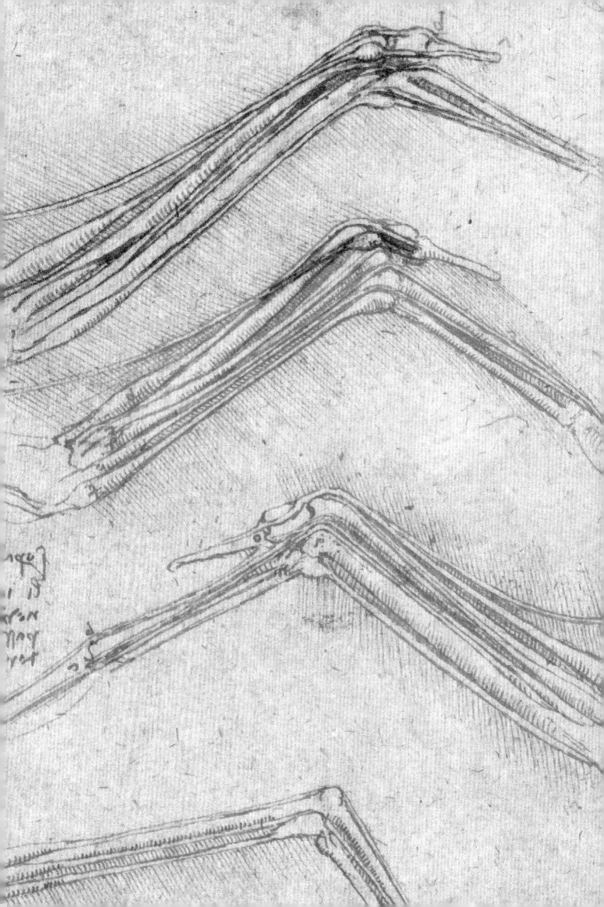

第四章
理论为先

◀◀ 米兰、罗马、克劳斯城堡
约 1509—1519 年

　　即使在达·芬奇生命的最后几年，他都没有将人造飞行器的设计方案合二为一。通过阅读他的笔记，我们发现他此时耽于理论研究，并把几年前的工作和实践束之高阁。在生命的最后一页，达·芬奇关注的不再是自然飞行物本身，而是使其飞翔的条件。一系列滑稽的小实验，和为了飞行器设计的机械小发明，以上种种拼凑出了达·芬奇晚年研究的全貌。这些研究看似单纯美好，极具"娱乐性"，却意味着逃避。梦想的灯火熄灭了，不过只要再有一点光亮，他仍会不断追逐下去。

《飞禽翅膀解剖研究》，约 1513 年（《温莎手稿》第 12656 页右部）

"没有科学基础的实践"都是错误的

"没有科学基础的实践让人欢欣鼓舞，但就像没有罗盘和船舵的小舟，永远都不能确定自己的航向。"达·芬奇在《手稿G》的第8页右部如此写道。

事与愿违，直到生命最后几年，达·芬奇都没能把人造飞行器的各种设想统一起来。他仍坚持研究着原来那两种飞行器方案：主动飞行模式，即振翅飞行器；风力飞行模式，即帆式飞行器。但这类研究越来越少。他的晚年研究（至少在笔记中如是）往往沿着理论性和思辨性的道路前进，没有实践和飞行器模型的建造。

《手稿G》是达·芬奇最后的作品，写于1510年到1515年间，那时他在罗马，或在米兰。他是在1506年离开佛罗伦萨的，1508年后，他就在这些城市间游走。直到1517年受法国国王弗朗索瓦一世邀请定居法国，后死于1519年。上面这则引文告诉我们，他与实践认知，与在艺术家－工程师的作坊里产生的传统知识，和早年时期在佛罗伦萨形成、发展出的飞行器研究成果划清了界限。如今他把理论研究，把"纯粹的科学"放在首位。在这最后几年里，涌现出了无数关于风、空气、自然飞行物的研究著述，却很少涉及应用领域，因此也没有建造飞行器模型。达·芬奇的

图1.《大洪水》，约1513—1518年（《温莎手稿》第12380页）

图 2.《几种飞行模式》（《手稿 E》第 42 页右部）

研究活动一直以来都是一种交替模式，先是对自然的考察和理解，转而应用于艺术或技术的实践中。但这种模式似乎中断了，他的思维追逐着理论，却没有实践的反馈。理论不再与生产统一起来，文艺复兴的进程因而面临着一个决定性的转折点，正如达·芬奇最卓越的研究，仿佛也验证了这种危机。

有关风和飞禽的理论研究

达·芬奇在 1513—1514 年间完成的《手稿 E》是其飞行器研究中最具晚年特色的一部。其中各项笔记的标题同样风格鲜明:《飞禽理论》(第 50 页右部,一组分析飞禽在滑翔过程中转向动作的笔记)、《理论》(第 50 页右部,有关振翅飞行物转向动作的笔记),《科学》和《规则》这两个标题则标注在另外几则笔记和素描旁(第 49 页左部)。翻开这本手稿,第一则有关飞行器研究的笔记就已呈现此种论调:"想要真正理解鸟类飞行模式的科学原理,就必须先研究风的科学。这种学问和水的运动原理在本质上是趋同的,这类科学研究将会从根本上帮助我们认识在风中和空气中飞行的家禽的运动法则。"(第 54 页右部)

达·芬奇明确宣告,他要把飞行器研究设立为一门独立的科学门类。同任何一种科学、理论学问一样,飞行器研究也有它自己的基本法则。也就是说,没有必要即刻投身于飞行器应用领域的工作。知识不再同实践如此必然地结合在一起。

《鸟类飞行抄本》中,在每一项自然飞行物的理论研究后,都紧跟一项这个知识在实践领域中的应用方案。但在《手稿 E》中,如达·芬奇所言,很少出现这类实践方向的研究。

更为理论化的研究主题占了上风。例如,在分析鸟类飞行方式时,他的分析手法变得更加提纲挈领,他把飞行模式分为直线型、曲线型、"复合型"和螺旋型(《手稿 E》第 42 页右部,图 2)。

图 3. 米开朗基罗的作品以人为中心,约 1509—1511 年,现藏于梵蒂冈的西斯廷礼拜堂

图 4. 达·芬奇的作品表现出自然的破坏力，约 1513—1518 年（《温莎手稿》第 12376 页）

图 5. 米开朗基罗的作品（图 3 局部）以人为中心，约 1509—1511 年，现藏于梵蒂冈的西斯廷礼拜堂

《风的科学》

达·芬奇晚年著作的一个鲜明特点是，不管在艺术还是科学研究中，他的关注对象都从人变成了自然环境，即那些元素——主要研究了水和气两种元素，它们成为台上的主角这些创造出自然现象的、凌驾于自然生物之上的东西，相较于人，仿佛更为重要。在艺术领域，我们不妨看一眼《大洪水》这件作品（图1和图4），达·芬奇在《手稿E》中绘制的素描和米开朗基罗在西斯廷礼拜堂创作的湿壁画区别甚大：达·芬奇作品的视角更磅礴广阔，那些自然元素把画面中的每一个人都打翻在地；而米开朗基罗的画面仍是用人组织起来的，其中的自然仅用一种风景画式的薄涂法描绘了出来。在科学领域，《莱斯特抄本》（*Codice Leicester*）也体现了这种新气象（约1506—1510年，图6），这部分内容主要研究了水元素和土元素，以及气元素的密度对视觉效果的干涉原理，即空气对现实世界的投影在传入人眼过程中的影响。这项研究孕育了达·芬奇广为人知的绘画风格"晕涂法"（sfumato）和轮廓线的失焦处理手法，一改15世纪画坛那种通透光亮、符合数学透视法的画面效果。

图6.《水流研究》（《莱斯特抄本》第13b页，即第13页左部和第24页右部）

因此,飞行器研究方向的转变只是他整体研究手法更迭的一个例证而已。

正如上文所言,《手稿E》中的研究重点正是《风的科学》,同时也暗含了与这项研究相关的一个基础问题,以及达·芬奇的解决方案。空气和风都是不可见的,因此要研究它们比研究水元素更难。早年,达·芬奇通过他发明的薄片风速表让风变得"可视化",并测量了风的一些属性,或者通过湿度计来测定空气"密度"。现在,当他着手对气流和流体力学做系统性研究时,他把目光投向了之前研究过的水元素,并以此来引领新的研究,这是因为水同气一样展现出丰富的可塑性,如瀑布形成的水帘或拍打礁石的浪花(图6和图7)。达·芬奇的这种解决方案,即解决《风的科学》研究的可行性问题的方案,是一种完全基于类比法逻辑的设想。如上所述,他将水元素的理论应用于气元素的研究中。之前,类比法也在动物学领域大展身手(鸟在空中飞同鱼在水中游一样),现在要用它来研究动物如何在各元素间移动的问题。

就在上文引用的《手稿E》第54页右部上,一则笔记展现出贯穿《手稿E》的类比法研究计划:当风吹过山巅便自由地弥散开来,同水一样,一下子就遍布辽阔安宁的谷底,变得稀薄、缓和,"山脉间的风又快又稠密,一旦它越过山峰,就变得慢而稀薄,好像水在大江尽头遇到一条狭窄的运河"。

除了类比法外,达·芬奇还开展了极具几何学和气象学意味的研究。在当时的另一份手稿中,他指出风可以被塑形,当

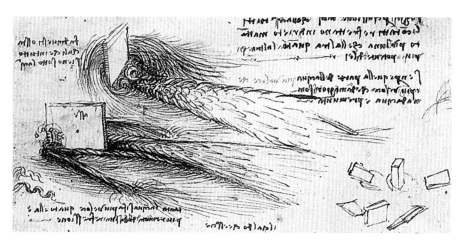

图7.《水流研究》,约1509年,局部 (《温莎手稿》第12660页右部)

121

温度变化后,气元素会转变成水元素(反之亦然),同时空出的空间还将会被周遭的空气填满。当研究风在云层间的活动时(《手稿 G》第 91 页左部,图 8),他从一种更广阔的宇宙学维度阐释了空气的属性,即空气在靠近火元素层时会变得相对稀薄。这是对亚里士多德宇宙观的致敬,这种学说认为尘世中各种元素层嵌套而成(至少物质的状态是由这四种元素混合而成的):火元素层位于最高处,下面是气元素层,然后是水元素层,最后位于中央最低处的是土元素层。

《大西洋古抄本》上的一幅素描(第205 页右部,图 9)描绘了这种宇宙观。不过,这种空气在高处会变得稀薄的假设,在他早期研究中就已出现过(《手稿 M》第 43 页右部和第 43 页左部)。那么当下,通过观察鸟类飞行,他进一步研究道:"小型鸟类无法飞及高空,因而大型鸟类也乐于飞在低处。小鸟生来就没有丰满的羽翼,所以受不住高空广袤又冷冽的环境,那儿只适合秃鹫、老鹰和其他翅膀壮硕的大鸟。小鸟脆弱又单薄的翅膀对于低空而言还算强壮,能支撑它们在那儿飞翔,但高空稀薄的空气让它们仅能做短暂的停留。"(《手稿 M》第 43 页右部)

大型猛禽能在高空遨游,而小鸟不能

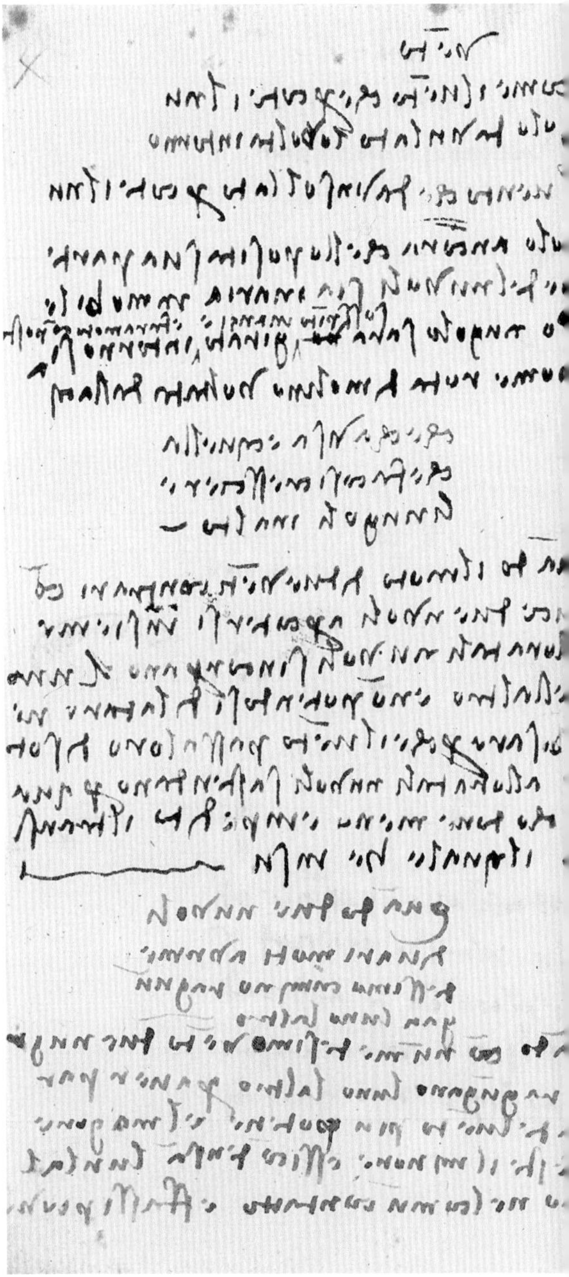

图 8.《气象学研究:云层间风的活动》(《手稿 G》第91 页左部)

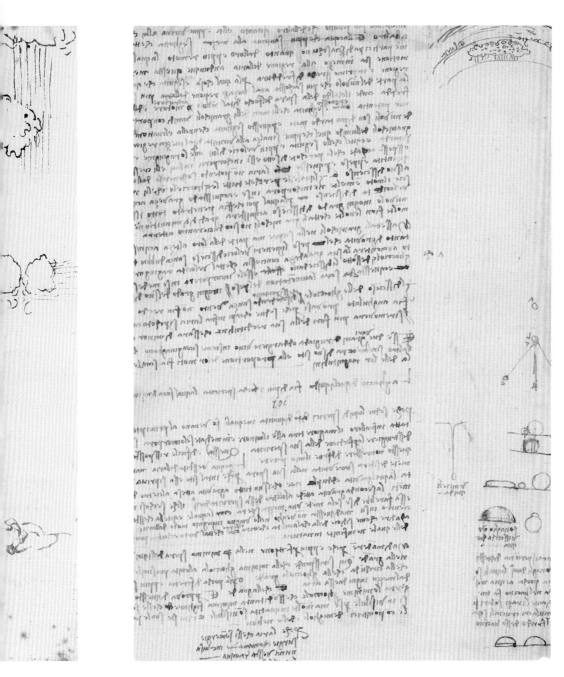

图 9. 页面右上方描绘的是基于元素说的宇宙空间层次示意图（《大西洋古抄本》第 205 页右部）

的事实，证实了空气随高度升高而变得稀薄，因此翼幅过小的小型鸟类无法长时间飞在高空。同水元素研究一样，鸟儿是一种可以描绘气流无形运动的研究工具。没错，就只是一个工具。不少案例反映出，达·芬奇研究家禽飞行模式的真实目的其实是借此直观地考察空气的性状。鸟类是介入自然元素的障碍物，就好比水中的礁石，通过观察它们穿过气流时的模样，达·芬

奇就能像之前研究水元素性状那样研究空气。

《风的科学》的核心原理之一是空气的压缩特性假说。与水不同，当空气被"压紧"（比如拍翅膀）时会变得更加稠密："空气本质上可以变得无限稠密或稀薄。"（《手稿E》第47页右部）这一页的另一张素描（图10）似乎确认了鸟类翅膀与上述假说的关系。翅膀的弯曲程度及羽毛的种类

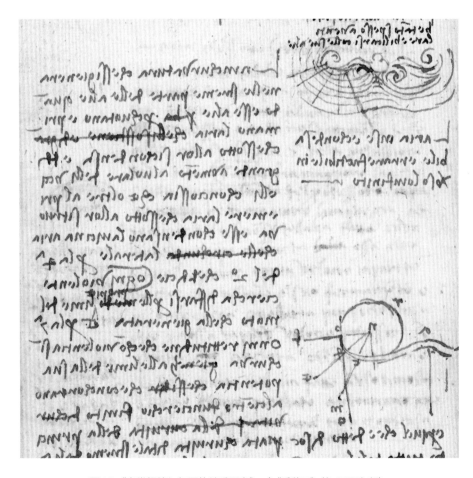

图10.《鸟类翅膀与气压的关系研究》（《手稿E》第47页左部）

都与翅膀下方做曲线运动的空气有直接关系,达·芬奇通过一组素描清楚地阐释了这一问题(用一组离心力线表示翅膀受力时所做的屈曲动作),但《鸟类飞行抄本》中并没有相关研究。在另一份手稿(《手稿 E》第 42 页左部,图 11)上,达·芬奇观察了张开双翅悬停在半空的鸟儿,这些鸟儿好比海面上或河流中的礁石受到海浪的撞击,但同时也因上升气流的施力而高飞。

这一现象(也得益于另一项采取类比思想的流体力学研究)就好似鸟儿在流动的水面上不停漂浮。最后我们常能看到鸟儿为保持平衡做出绕行的动作,而这也能为我们标示出气流的具体流动方向(《手稿 E》第 54 页右部,图 12)。

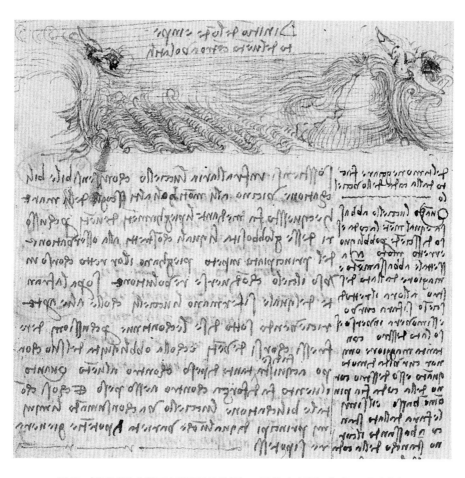

图 11.《将鸟类比作礁石来观察风的性状》,局部 (《手稿 E》第 42 页左部)

图 12.《基于鸟类飞行轨迹观察的气流研究》（《手稿 E》第 54 页右部）

《飞禽》：飞行运动、解剖学和动物行为学

飞禽除了具有《风的科学》一章中描述的研究价值外，达·芬奇还单独留下一章内容来深刻讨论这一研究对象。《飞禽》（De' volatili）是一个拉丁语化的标题，其中介绍的很多内容都是《手稿E》中的新发现。

这项研究涉及三个方面：飞行运动、解剖学和动物行为学。

第一个研究方向是对原来所做的观察记录的拓展，讨论了鸟类在飞行中的平衡性，在风力作用下如何拍打翅膀以及如何改变飞行速度和高度（《手稿E》第40页右部和第40页左部，图13和图14）。第二个研究方向是解剖学，这部分手稿完成于1513年左右，也是达·芬奇最完整且复杂的翅膀解剖研究手稿（《温莎手稿》第12656页右部和第19017页，图15和图17）。

如果说在第一个研究方向里，达·芬奇探查了鸟类的飞行模式，那么在后一部分的研究中，他则更多地关注飞行动作的解剖学成因。不同于前期的翅膀解剖学研究（与机械翅膀有关的研究），这部分晚期笔记似乎更接近于纯粹的科学研究，分析并确认了飞行器和鸟类的解剖学功能。

《温莎手稿》第12656页右部（图15）的几张素描讨论了上述所说的复杂研究主题：解剖学功能分析。而在几年前（约1509—1510年）完成的一组人体上肢解剖图稿（图16）中，如我们所见，在结构上明显就是翅膀研究的参照物，因此这两张手稿比较了人类和飞禽间的解剖学关系。此类研究是达·芬奇至当时为止范围最广的"动物学"解剖研究，在那时他一直思索着人类与其他动物之间的解剖学关系。而

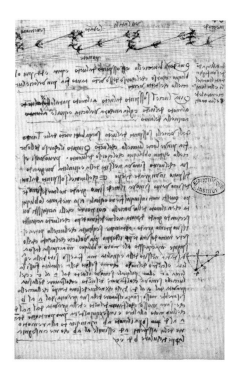

图13.《风力作用下的飞行轨道变化研究》（《手稿E》第40页右部）

在众多解剖结构中，达·芬奇还从解剖学视角研究了之前从未讨论过的组织——小翼羽，即鸟类翅膀第三关节处的一个鳍状结构，好似一只爪子，他在笔记中将其比作人的拇指。这份手稿的内容完全是解剖功能分析，如他在图15上方笔记中提到的，他用紧挨着的那幅鸟类素描阐释出小翼羽能让鸟儿停在半空的原理。在之前的飞行器研究中，达·芬奇已经证实小翼羽不仅具有调整方向的功能，还能劈开（或言切开）空气，反之（当它直面气流时）也能承受气流的施力，这都为鸟儿在空中悬停提供了可能。

与小翼羽研究一起进行的是另一个完全不同的解剖功能分析（图17）：从翅膀根部伸展到翅尖的功能分析。这一过程形成了一块逐渐增大的平面，保证鸟儿能持续压缩空气，素描旁的笔记与翅膀的伸展－屈曲运动有关。飞禽研究的最后一部分有关动物行为学的。在《手稿G》中，达·芬

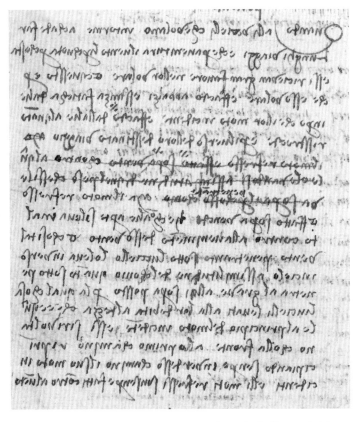

图14.《风力作用下的飞行轨道变化研究》（《手稿E》第40页左部）

奇定义了蝙蝠和昆虫的飞行模式,这些动物都是他少年时代特别关注的,因此在后来的研究中,他还将蝙蝠应用在自己的飞行器设计上。现在,达·芬奇想要研究蝙蝠本身,探索蝙蝠飞行模式的自然成因,而这些内容又和人造飞行器研究有着直接关系。

例如,达·芬奇认为涂满涂料或覆膜的蝙蝠翅膀正是蝙蝠毫无顾忌地飞行的原因(《手稿 G》第 63 页左部,图 18)。对

这一主题,达·芬奇还研究道:"第四种飞行模式是大蝴蝶和带翅膀的肉食蚂蚁。"(《手稿 G》第 64 页左部,图 19) 也就是蚁蛉和鞘翅目昆虫。这些昆虫看上去只用一对翅膀飞行,而另一对似乎盖住和保护了飞行的翅膀(《手稿 G》第 92 页右部,图 20)。最后他还研究了苍蝇,为了停在空中,它们必须"快速且喧闹地"拍打翅膀,因而发出嗡嗡声,并把前肢当方向盘使用(《手稿 G》第 92 页右部)。

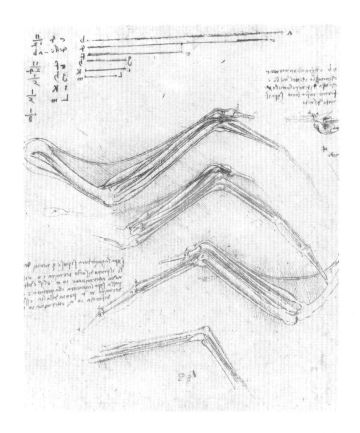

图 15.《飞禽翅膀解剖研究》, 达·芬奇认真绘制了这些素描, 约 1513 年(《温莎手稿》第 12656 页右部)

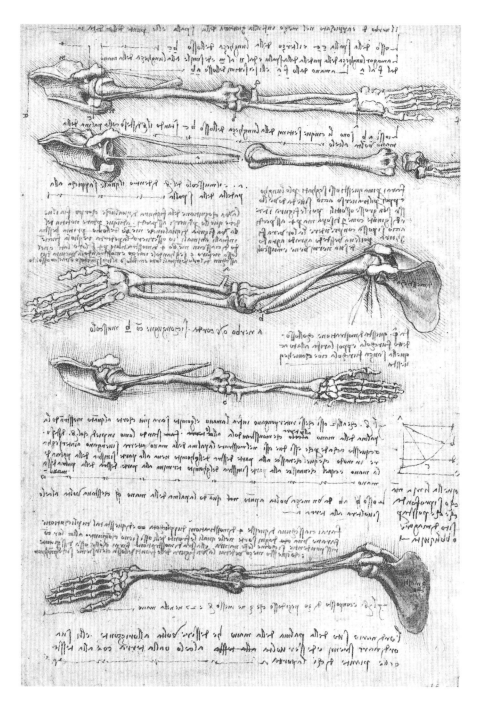

图 16. 使用与图 15 相同模式绘制的《人体手臂研究》，约 1509—1510 年（《温莎手稿》第 19000 页左部）

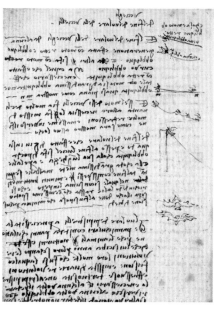

图 17.《翅膀解剖研究》，约 1513 年（《温莎手稿》第 19017 页）

图 18.《飞禽和蝙蝠研究》（《手稿 G》第 63 页左部）

图 19

图 20

图 19—20.《飞行昆虫研究》（《手稿 G》第 64 页左部和第 92 页右部）

人造飞行器的最后一次挑战

《大西洋古抄本》第124页右部的一条笔记,在分析自然界翅膀的运动原理时,也提到了人造飞行器的振翅模式:"你研究鸟类翅膀解剖时,就会发现连接翅膀的胸肌正是它们的发动机。这好像在人体解剖学中展现出一种可能性,也就是人也有可能通过拍打翅膀停在空中。"

抄本的另一页(第1047页右部,图23)是前一时期(约1513—1515年,罗马时期)的作品,达·芬奇在上面画了一台带翅膀和驾驶员的飞行器。这有可能是一个扑翼机设计,因为翅膀都是直接固定在驾驶员手臂上的。如果这个解释是正确的话,那么我们必须正视在《解剖学 手稿A》中出现的一页手稿(约1509—1510年,《温莎手稿》第19011页左部,图24),这是人体上肢运动时的肌肉造型分析,但达·芬奇在旁边的笔记中把人类和鸟类拍打翅膀时的肌肉造型做了比较研究:"人操纵、拍打翅膀时,手指和手掌并不施力。鸟儿也一样,但它们之所以能振翅飞行,是因为所有肌肉都生于胸部,这一部分几乎是鸟儿身体重量的全部。"鸟类胸肌负责翅膀的拍合与运动,这是达·芬奇想在飞行器设计

图21

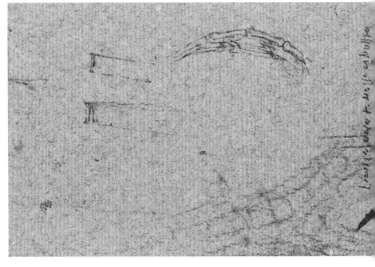

图22

图21—22.《自然及机器翅膀的关节研究》,1513—1514年,整体和局部(《温莎手稿》第19086页右部)

中模拟出来的。因此,这份解剖学研究似乎暗指他的人造飞行器计划,也就是振翅飞行器。另外,素描中绘制的一条手臂握着一根粗杆,这和《大西洋古抄本》第1047页右部中的扑翼机驾驶员的操作模式吻合。

《手稿E》中的大部分内容都是鸟类飞行运动原理的理论研究,但达·芬奇好像稍稍走出了纯粹的理论研究层面,想要再一次实践、制造模拟鸟类自然飞行模式的人造机器。手稿第44页左部的一些笔记描述了飞禽的飞行行为,但论述过程不经意地从理论认知滑向了应用实践。在这里,达·芬奇提到了试验飞行装置的危险性,但和《鸟类飞行抄本》一样,他似乎在用第二人称自问自答或对驾驶员发出指令:"因

此,你能在更广阔的地方奔驰,但当弯曲的翅膀指向大地时,你应该收起下方的羽翼,直到你重新找回平衡状态。"

但这只是稍纵即逝的设想,《手稿E》中并没有机械翅膀和人造操作系统的素描图示。

不过我们在一页《温莎手稿》上找到了一幅标记为1513—1514年的小草图,其中表现了一只由四段骨质关节组成,以肌腱控制的翅膀,其中一段关节用纤维环控制(第19086页右部,图21—22)。这意味着达·芬奇此时并未确定自己到底要描绘一只自然翅膀还是一只人造翅膀。但可以肯定的是,达·芬奇在之后的研究中仍然思考着机械飞行器。

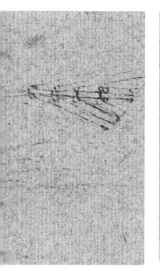
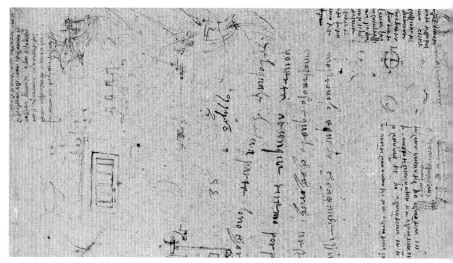

图23.《飞行员和机械翅膀研究》,约1513—1515年,局部(《大西洋古抄本》第1047页右部)

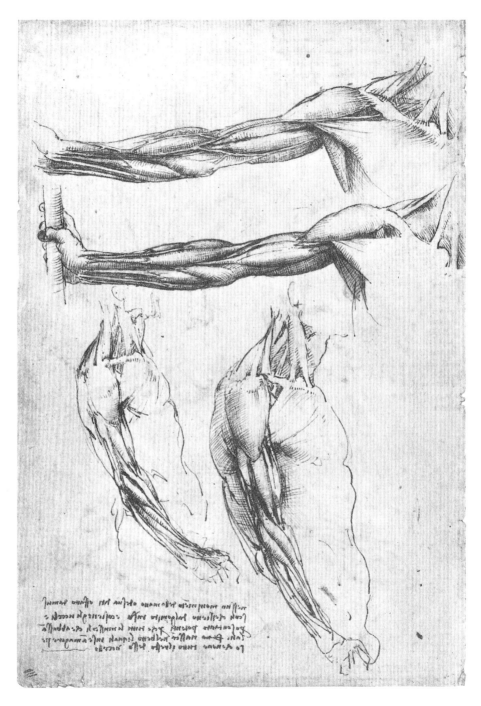

图24.《人体解剖研究》，笔记内容为人类和飞禽动态力学比较研究（其中一条手臂也许抓着飞行器翅膀的粗柄），约1509—1510年（《温莎手稿》第19011页左部）

空中自由落体

还是在这页《大西洋古抄本》（第124页右部）手稿上，有一条笔记涉及了自由落体的研究内容："明天去做从空中落下不同纸片的实验，从堤坝上扔下去。然后还要把降落过程中的每一个姿态和动作全都画下来。"

在这则备忘录下方，首先验证的是振翅飞行器在飞行中的平衡系统，这也涉及了后期的人造飞行器设计中的流体力学问题。另外两条笔记则从不同视角描绘了人造飞行模式，但不涉及鸟类解剖结构和解剖功能，因此是完全针对人造飞行器的静力学和动态力学分析以及对气元素的物理性状研究。"在空中降落的东西"（《手稿G》第74页右部），"在空中降落时，身体无意识表现出的一组造型"（《温莎手稿》第12657页）。这些手稿标题或"首句"里的内容也和人造飞行器有关：人类与飞禽一样，在广阔无垠的空气动力学研究中，都只是一个质点，或"不自主的"身躯。它们缺少灵魂和飞行的欲望，因此"对下降物本身"，它们没有本能意识。

手稿中的笔记亦不乏有关人造飞行器主题的。其中之一，达·芬奇观察了飞禽，但只是为了查明一条可以运用在飞行器中

的有关空气静力学的定理："鸟儿若想轻盈地飞翔，它就应展开自己的翅膀和尾巴。当翅膀伸至一定长度后，重量便会减少。依照这个结论，我认为人也可以通过展开一双巨大的翅膀，减轻自身的重量，最终停留在高空。"（《手稿E》第39页右部）

打开翅膀和尾巴，鸟儿就能变轻，反之，合上就会变重（事实上，鸟类收起翅膀往往是为了加速）。这是一条对任意质点都适用的定理，因此也能用在人身上，只要他的翅膀足够长，就能停在空中。达·芬奇称之为"翅膀"的这个结构其实是机械翅膀，虽然还酷似鸟类的翅膀，但他在这组研究中并未参考鸟类飞行模式。

《手稿G》中的另一条人造飞行器笔记其实还研究了一个绑在一块木板上的人，如旁边素描画的那样（约1510—1515年，第74页右部，图25）。我们能明显地看出，这份手稿的研究内容完全脱离了动物世界。达·芬奇在这里研究的只是一具"不自主的"身躯，如一块木板基于空气静力学和动态力学的运动状态。

从这一实验中，达·芬奇得出了一条物理学和静力学推论：如纸一样的质点或一块木板在下降过程中，空气将凝结在物

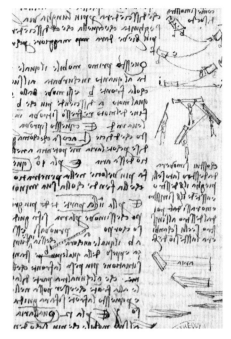

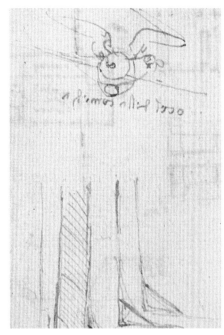

图 25. 这页笔记记录的是达·芬奇在这一时期偶尔进行的人造振翅飞行器研究内容。达·芬奇从另一个研究视角，即空气静力学层面，研究了一个绑在木板上的人在空中做自由落体运动

图 26. 《鸟形自动飞行器素描》，约 1508 年，局部上方（《大西洋古抄本》第 231 页左部）

体的底面及侧面，同时顶面的空气将变得稀薄。以底面压缩的空气作为支撑，又考虑到顶面减少的重量，因此在下降过程中，物体会遵循这一规则形成典型的"之"字形下降路线，不论是纸张还是木板都一样。也是因为加长了下降轨迹，所以在垂直下降的过程中，物体能够更加平稳地着陆。

那么这个绑着木板的人，只要抓住木板让它一左一右地倾斜，便也能获得相似的下降轨迹。

我们现在看到的这件装置，比起达·芬奇第一次定居米兰时设计的球形或风筝形降落伞，更简单也更先进。

有趣诙谐的尾声

根据瓦萨里的记载，当达·芬奇作为梵蒂冈的宾客住在罗马时（约 1513—1516 年），"他制造了一种蜡膏，并开始制作能在风中轻快飞翔的动物模型，轻轻一吹便能高飞"。另外，瓦萨里还写道："他用一个工具撇去或清洗割下来的内脏……然后给内部充气，叫它变大。"

所以，达·芬奇在这一时期制作了那些蜡制飞行器和充气内脏，而这与模拟鸟类飞行的机器相去甚远。瓦萨里甚至说："他精神错乱般地、永无止境地做着那些东西。"当达·芬奇面对失效的理论和终为泡影的飞行器计划时，他却在实验中增添了不少玩乐的色彩，使它好像是一种更具个人特色的研究，用打趣的形式面对"最后的审判"。

正是在那时，在他面对"最后的审判"时，人造飞行器被设计得更为技术化，就好像自动机，但状况并未有任何改变。这种"自动机"就好像他在 1508 年左右完成的一幅机械鸟素描（《大西洋古抄本》第 231 页左部，图 26）一样，采用振翅飞行模式，同时沿着一条绳索移动。这台机器的内部机械结构其实为我们证明了模仿鸟类飞行模式中的一种"捷径"，因为这机器真的能飞起来，也能像飞禽一样保持飞行状态，其中的驾驶员还为它提供了"灵魂"。

这种自动机和达·芬奇有意制作的那些小玩意儿，就是他飞行器研究的最终成果，如洛马佐（Lomazzo）所言："达·芬奇……教人认识鸟类飞行的模式、狮子行走的样子，还制作各种恐怖的动物模型。他用多种材料制作的鸟儿能在天上飞翔。有一次他和法国国王弗朗索瓦一世会面时，从大厅里还跑出来一头机械狮子，用无法描述的工艺制成，当它停下来，去掉胸部挡板后，里面全都是百合，还有各种鲜花。"[《绘画之理想神殿》（*Idea del tempio della pittura*），1590 年]

达·芬奇和现代飞行器

在达·芬奇之后，直到19世纪末20世纪初，人造飞行器的野心才得以成真。在那个年代，我们能看见如奥拓·李林塔尔（Otto Lilienthal, 1848—1896年）、路易·穆亚尔（Louis Mouillard, 1834—1897年）这样的发明先锋。而后继者莱特兄弟（威尔伯，1867—1912年；奥威尔，1871—1948年）则在1903年，制造并试飞了一架由蒸汽发动机驱动的飞机，从此开创了现代飞行器的辉煌历史。

那么达·芬奇的飞行器研究在人类最终的胜利中扮演着何种角色，又是否有直接或间接的影响呢？这个问题的答案或许非常复杂。事实上，在1893年，达·芬奇的《鸟类飞行抄本》（应该不是善本，缺少的几页在一个世纪后才被找到）就已出版发行，并广泛传播了开来。李林塔尔、穆亚尔还有玛瑞（Marey）构想出的飞行器和达·芬奇模仿鸟类飞行模式的飞行器十分接近。这些设计基于对自然飞行物的仔细观察以及达·芬奇总结的设计法则，并且主要是依靠风力飞行的帆式飞行器。

然而达·芬奇是否影响了莱特兄弟这一问题，并没有正确答案。我们只知道在莱特兄弟造出第一架飞机前，《鸟类飞行抄本》早已出版，因此他们有可能接触过这些材料。但无论如何，我们都该承认达·芬奇的飞行器设计与现代飞机间存在巨大区别。莱特兄弟发明动力式现代飞行器的基本前提就是必须放弃

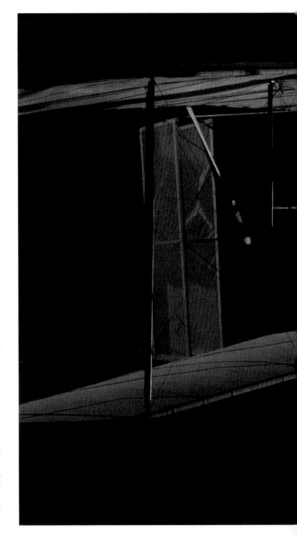

模仿自然的观念。因此在观念的最深处，他们的发明创造与达·芬奇的截然不同，也标志着一个时代的终结。无独有偶，那一时期的抽象艺术（比如立体派）同样放弃了模仿自然的思维模式。

在现代飞机面前，达·芬奇留给我们的或许只是一场略带伤感的奇梦：那坚固的翅膀（不可动并有别于自然飞行物的翅膀）和自动化发动机的内部结构，大概在他眼中，不过是模仿自然飞行物的征途上

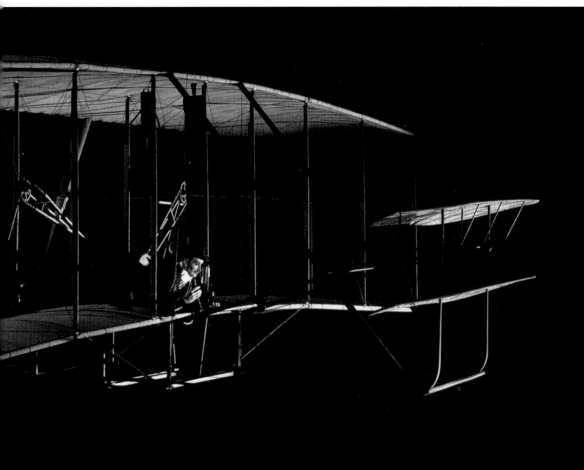

图 27. 莱特兄弟制造的飞行器，1903 年，现收藏于华盛顿的美国国家航天博物馆

两条不屑一顾的捷径，但这又是他不断追问的唯一答案——真正地遨游长空。

但我们回到类比法的模式中，当时的另一些素描其实也绘制了向上高飞的人体，他们好像是站在山顶上，肩上背着翅膀（《温莎手稿》第12724页右部，图28，参考《温莎手稿》第12506页）或一张大斗篷（《大西洋古抄本》第166页右部，图29）。一般认为这些素描都是在

1508—1510年完成的，而且是为了节日和舞台表演制作的道具。因为缺少技术层面的设计，所以我们认为这些素描只是戏剧或幻想主题的设计图。但人们不禁要问，如果把《大西洋古抄本》第1047页右部中的滑翔机直接安在人身上，其实也能称为舞台装置。

总而言之，似乎达·芬奇回到了研究的起点：舞台美术设计。好比他早年时期

图28. 肩上安装翅膀的人及其他研究，约1508—1510年（《温莎手稿》第12724页右部）

图 29. 肩上安装翅膀的人及其他研究，约 1508—1510 年（《大西洋古抄本》第 166 页右部）

在佛罗伦萨做的那些"扑翼机"，全都局限在神话和梦想中，也像是乔托钟楼底部花砖上雕刻的代达罗斯像。

飞行器研究绕了一大圈，最后回到了原点。达·芬奇在这漫长的旅途中，想要通过理解自然来重造自然，但最终没有成功。这些晚期制作的有趣又充满戏剧效果的计划，对于达·芬奇的人造飞行器研究而言，极具早年时期的风格。虽然他远离了米兰时期拒绝幻想性和文学性的研究路线，但这看似夸张的游戏也意味着达·芬奇仍能乐观看待自己的失败。

有一则笔记（约 1508—1510 年）似乎能证实我们的观点，它就像真正照进危机中的一束光芒："航海学也不是真正完美的科学，这是因为若它足够完美，就该解决一切潜在的危险，就像鸟儿在空中飞时从不会坠落……鱼在江河大海里游，也不存在任何危险。"（《温莎手稿》第12666 页右部）

人们通过船只来模仿鱼类，却从未成功，因为只有"自然的"天赋才能教鱼类和鸟类在任何气候中都能自由遨游。达·芬奇似乎也曾思考过"空中航船"这一设计思路，但他最终仍执着地模仿着鸟儿。

对达·芬奇而言，模仿自然的技术还存在许多不足和"不完美"的地方。而他在解剖分析鸟类翅膀时认识到的一条真理，即自然造物的解剖造型总能完美地与它的解剖功能相配（"翅膀韧带所提供的强度具有不可思议的实用性"，《温莎手稿》第 12657 页），更使他对技术层面的探索充满绝望。因此就不难想象，为何达·芬奇晚年在《风的科学》中开展的飞行器实践研究与之前的研究如此南辕北辙了，但那仍是有趣且富于幻想又极具戏剧性的创举。

大事年表

1452 年

莱奥纳多·达·芬奇于 4 月 15 日出生在意大利的芬奇镇，是公证员皮耶罗·迪·安东尼奥·达·芬奇(Piero di Antonio da Vinci)的亲生儿子。

1469 年

据说在这年进入韦罗齐奥的艺术作坊学习。

1472 年

注册加入画家行会——圣卢卡会。这一年开始创作自己的早期作品，包括为节日和比赛准备的舞台设备、一张挂毯图样(丢失)和一些未标日期的绘画作品。

1473 年

于 8 月 5 日绘制了一张描绘阿诺河谷(Valle dell'Arno)的素描，现藏于佛罗伦萨乌菲兹美术馆的素描和版画部。

1478 年

承担领主宫(后称旧宫)内的圣伯尔纳多礼拜堂的祭坛画创作工作。同年还创作了两幅圣母主题的作品，其中一幅被认为是《柏诺瓦的圣母》(*Madonna Benois*)。

1480 年

据卡迪家族的无名氏记载，此年达·芬奇开始服侍洛伦佐·德·美第奇。

1481 年

签署《三王来朝》的订购合同。

1482 年

迁居米兰，但未完成《三王来朝》。

1483 年

在米兰与伊万杰利斯塔·德·佩蒂斯和安布罗乔·德·佩蒂斯兄弟(Evangelista e Ambrogio De Predis)一同签订《岩间圣母》的订购合同。

1487 年

收到米兰主教座堂为其创作的穹顶内壁设计图而支付的佣金。

1488 年

韦罗齐奥在威尼斯创作巴托洛梅奥·科莱奥尼骑

马纪念雕像时离世。

多纳托·伯拉孟特（Donato Bramante）在帕维亚担任主教座堂设计的顾问工作。

1489 年

为吉安·嘉莱佐·斯福尔扎和伊莎贝拉·阿拉贡的婚礼建造相关设备。同年开始为弗朗切斯科·斯福尔扎骑马巨型雕像的建造做准备工作。

1491 年

吉安·贾可蒙·卡坡蒂·达·奥伦诺（Gian Giacomo Caprotti da Oreno），绰号"莎莱"（Salai在之后的10年内担任达·芬奇的助手。其绰号"莎莱"原意为"恶魔"，指其暴怒的性格。

1492 年

为卢多维科·莫罗（Ludovico il Moro）和贝亚特丽切·德斯特（Beatrice d'Este）的婚礼，奉命设计了斯基太人[1]和鞑靼人游行队伍所穿的服装。

1494 年

在维杰瓦诺地区，帮助公爵斯福尔扎开垦领地。

1495 年

开始创作《最后的晚餐》，同时为斯福尔扎城堡的更衣室进行装饰工作。被任命为公爵御用工程师。

1497 年

米兰公爵斯福尔扎要求达·芬奇尽快完成《最后的晚餐》，此画有可能在年末完工。

1498 年

完成斯福尔扎城堡木板室（Sala delle Asse）的装饰工程。

波拉伊奥罗在罗马去世，生前完成了思道四世（Sisto IV）和依诺增爵八世（Innocenzo VIII）之墓。米开朗基罗奉命雕刻位于圣彼得大教堂中的《哀悼基督》（*Pietà*）。在佛罗伦萨，修士萨佛纳罗拉（Savonarola）[2]被施以火刑处死。

1499 年

离开米兰城，迁居郊野，与友人数学家卢卡·帕丘里（Luca Pacioli）同住。后来取道威尼斯，前往曼托瓦（Mantova），并为侯爵夫人伊莎贝拉·埃斯特画了两张肖像。

---

1. 斯基太人：古代游牧民族，活跃在今天的东欧大草原和中亚地区。
2. 萨佛纳罗拉：意大利明道会修士，反对文艺复兴艺术和哲学，焚烧艺术品和非宗教类书籍，预言1500年为世界末日。后被教皇亚历山大六世以信仰异教、伪造预言、妨碍治安等罪名，判处火刑。在艺术界，晚年的波提切利也是其信徒，并多次将自己的作品焚毁。

卢卡·辛纽内里在奥尔维耶托的主教座堂中的圣布里奇奥礼拜堂创作壁画。同年，米兰被法国国王路易十二占领。

1500 年

于 3 月抵达威尼斯。后来重回佛罗伦萨，居住在圣母领报大殿旁的圣母忠仆会修道院内。

1502 年

以常务工程师和建筑师的身份为切萨雷·波吉亚（Cesare Borgia）服务，并随其前往罗马涅战场。

1503 年

据瓦萨里记载，达·芬奇重回佛罗伦萨时，开始创作《蒙娜丽莎》。制定绕行阿诺河围攻比萨城的战略方案。受佛罗伦萨领主之命，绘制《安吉亚里之战》。

1504 年

继续创作《安吉亚里之战》。被召加入《大卫》展示方案评审团，讨论米开朗基罗《大卫》的安放地点。为作品《丽达与天鹅》制作草图。

米开朗基罗历时 3 年完成《大卫》的雕刻工作。

拉斐尔完成《圣母的婚礼》（*Matrimonio della Vergine*），其定居佛罗伦萨期间，受到达·芬奇作品的深刻影响。

1506 年

离开佛罗伦萨，前往米兰，并承诺在 3 个月内返回。但他在米兰的居住时间比预计的要长。

1508 年

生活在佛罗伦萨，后又前往米兰。米开朗基罗在罗马绘制西斯廷礼拜堂的天顶壁画。乔尔乔涅（Giorgione）和提香（Tiziano）[3] 在威尼斯为德国商馆（Fondaco dei Tedeschi）绘制壁画。

1509 年

在伦巴第地区的山脉间进行地质学研究。

拉斐尔在罗马为使徒宫内的四间客房（译者注：即拉斐尔房间）绘制装饰画。

1510 年

在帕维亚大学和马尔卡托尼奥·德拉·托雷一起进行解剖学研究。

---

3. 乔尔乔涅和提香是 16 世纪威尼斯画派的开创者。

1512 年

米开朗基罗完成了西斯廷礼拜堂天顶壁画的绘制工作。

1513 年

从米兰前往罗马,居住在梵蒂冈的贝尔维德区,受朱利亚诺·德·美第奇的保护。在罗马居住的 3 年中,主要进行数学和科学研究。儒略二世(Giulio II)死后,乔瓦尼·德·美第奇继任教皇,尊号利奥十世。

1514 年

设计罗马周边蓬迪内(Pontine)地区沼泽地的排水系统,同时设计奇维塔韦基亚港。

1517 年

迁居昂布瓦斯,居住在法国国王弗朗索瓦一世的庄园内。1 月中,与国王一同参观罗莫朗坦地区(Romorantin),计划在此兴建一座新王宫,并在索罗涅(Sologne)地区开凿运河。

1518 年

参与庆祝法国国王太子的洗礼仪式;参与洛伦佐二世·德·美第奇与国王孙女的婚礼。

1519 年

于 4 月 23 日起草遗嘱,遗嘱执行人是友人、画家弗朗切斯科·梅勒兹。5 月 2 日去世。葬礼在 8 月 12 日举行,悼词中称达·芬奇为"米兰贵族,法国国王首席画家、工程师及建筑师,王国的机械大师"。

查理五世(Carlo V d'Asburgo)当选神圣罗马帝国皇帝,开启了法国同神圣罗马帝国间的全面战争。科勒乔(Correggio)在帕尔马(Parma)为圣保禄修道院的院长卧房绘制装饰画。

图书在版编目（CIP）数据

达·芬奇的飞行器／（意）多米尼克·劳伦查著；庄
泽曦译. -- 长沙：湖南美术出版社，2021.1
ISBN 978-7-5356-9194-1

Ⅰ.①达... Ⅱ.①多... ②庄... Ⅲ.①达·芬奇 (Leonardo
da Vinci, 1452—1519) - 飞行器 Ⅳ.① V47

中国版本图书馆 CIP 数据核字 (2020) 第 121969 号

湖南省版权局著作权合同登记图字：18-2020-158

达·芬奇的飞行器
DA FENQI DE FEIXINGQI

出 版 人：黄　啸
作　　者：[意] 多米尼克·劳伦查
译　　者：庄泽曦
责任编辑：曹昱阳　刘迎蒸
封面设计：李河谕　黄　芸
版式设计：曹昱阳
责任校对：贺　娜　侯　婧
出版发行：湖南美术出版社
　　　　　（长沙市东二环一段622号）
经　　销：湖南省新华书店
印　　刷：恒美印务（广州）有限公司
　　　　　（广州南沙经济技术开发区环市大道南路334号）
开　　本：710mm×1000mm　1/16
印　　张：9.75
版　　次：2021年1月第1版
印　　次：2021年1月第1次印刷
书　　号：ISBN 978-7-5356-9194-1
定　　价：88.00元

邮购联系：0731-84787105　　邮　编：410016
网　　址：http://www.arts-press.com/
电子邮箱：market@arts-press.com/
如有倒装、破损、少页等印装质量问题，请与印刷厂联系斠换。
联系电话：13719188554